彩图 2-1　猪瘟：肾脏呈土黄色、贫血、表面有大量针尖大小的点状出血

彩图 2-2　猪瘟：病猪脾脏边缘出现大小不一的暗紫色梗死灶

彩图 2-3　猪瘟：下颌淋巴结肿大

彩图 2-4　猪瘟：肠系膜淋巴结出血、肿大、呈暗红色

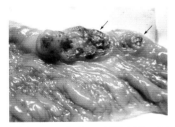

彩图 2-5　猪瘟：病猪盲结口处纽扣状溃疡

彩图 2-6　猪瘟：病猪会厌软骨片状出血

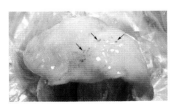

彩图 2-7　猪瘟：膀胱黏膜出血

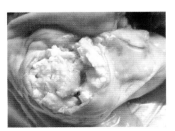

彩图 2-8　猪传染性胃肠炎：胃内充满未消化的凝乳块

彩图 2-9　猪传染性胃肠炎：小肠肠管
扩张，肠壁菲薄，呈半透明状，
几乎没有肠内容物

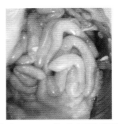

彩图 2-10　猪流行性腹泻：
小肠肠管胀满，充满
黄色液体，肠壁变薄

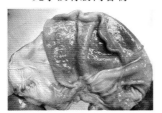

彩图 2-11　猪伪狂犬病：胃底
黏膜大面积出血

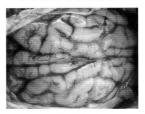

彩图 2-12　猪伪狂犬病：脑膜
充血、水肿，脑脊液增多

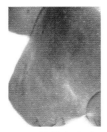

彩图 2-13　猪伪狂犬病：肝脏
表面有灰白色点状坏死灶

彩图 2-14　猪伪狂犬病：肾脏
表面有灰白色点状坏死灶

彩图 2-15　猪伪狂犬病：软腭
扁桃体凝固性坏死

彩图 2-16　猪繁殖与呼吸
综合征：两耳呈蓝紫色

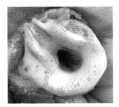

彩图 2-17 猪繁殖与呼吸综合征：
喉、气管蓄积大量泡沫状渗出物

彩图 2-18 猪繁殖与呼吸综合征：
气管内蓄积大量泡沫状渗出物

彩图 2-19 猪繁殖与呼吸综合征：肺脏
切面及气管内蓄积大量泡沫状渗出物

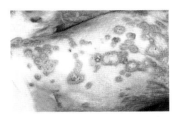

彩图 2-20 猪痘：皮肤丘疹

彩图 3-1 仔猪水肿病：病猪
眼睑水肿

彩图 3-2 仔猪副伤寒：病猪
脾脏肿大，呈暗紫蓝色

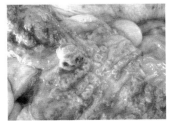

彩图 3-3 仔猪副伤寒：病猪盲肠、结肠
和回肠坏死性肠炎，有纤维素样的
渗出物积聚，形成可见的轮状环

彩图 3-4 猪链球菌病：
病猪心耳、心外膜和
冠状沟脂肪处见出血点

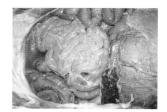

彩图 3-5 猪链球菌病：病猪腹炎，
腹腔大量积液，腹腔脏器
表面有丝状纤维素

彩图 3-6 猪传染性胸膜肺炎：胸腔、
肺表面、心包膜纤维素性渗出，
呈现明显的纤维素性胸膜炎

彩图 3-7 猪传染性胸膜肺炎：
病猪肺脏纤维素性沉着物

彩图 3-8 副猪嗜血杆菌病：病猪腹腔
脏器表面纤维素性渗出物沉着和粘连

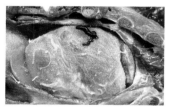

彩图 3-9 副猪嗜血杆菌病：心包
积液，心包液混浊，心脏表面
有纤维素性附着物

彩图 3-10 亚急性型猪丹毒：
病猪全身散在分布凸出皮肤
表面的方形、菱形疹块

彩图 3-11 慢性型猪丹毒：病猪双后肢
发生丹毒性关节脓肿、变形

彩图 3-12 猪渗出性皮炎：
皮肤呈棕红色

专家答疑解惑技术丛书

猪病诊治 160 问

主　编　李学伍　王自振

副主编　陈占省　王辉驰　娄元春

参　编（以姓氏笔画为序）

李建林　李俊朋　杨继飞

郑瑞华　赵　东　柴书军

梁　跃　蒋　晨　解伟涛

机械工业出版社

本书由河南省农业科学院、河南农业大学的专家和学者精心编写，河南省生猪产业技术体系首席专家及河南农业大学资深教授详细审阅。本书详细介绍了猪病诊治的基础知识，猪病毒病、猪细菌病、猪寄生虫病、猪维生素缺乏症、猪中毒性疾病及猪普通病的流行特点、临床症状、病理变化、诊断、类症鉴别、预防措施、治疗方法等。

　　本书文字通俗易懂，内容科学先进，技术可操作性强，适合养猪场（户）技术人员、基层兽医工作者、农业院校相关专业师生阅读参考。

图书在版编目（CIP）数据

猪病诊治 160 问/李学伍，王自振主编. —北京：机械工业出版社，2017.3

（专家答疑解惑技术丛书）

ISBN 978-7-111-55951-1

Ⅰ. ①猪…　Ⅱ. ①李…②王…　Ⅲ. ①猪病 – 诊疗 – 问答解答　Ⅳ. ①S858. 28 – 44

中国版本图书馆 CIP 数据核字（2017）第 013024 号

机械工业出版社（北京市百万庄大街 22 号　邮政编码 100037）
策划编辑：周晓伟　郎　峰　责任编辑：周晓伟　孟晓琳
责任校对：潘　蕊　张　薇　责任印制：常天培
保定市中画美凯印刷有限公司印刷
2017 年 3 月第 1 版第 1 次印刷
140mm×203mm・6. 25 印张・2 插页・161 千字
0001—7000 册
标准书号：ISBN 978-7-111-55951-1
定价：25.00 元

前　言

　　养猪业在我国国民经济中占有重要地位，对提高人民生活水平发挥着巨大的作用。随着我国养猪业的不断发展，猪病的流行也在不断地发生变化，总的流行趋势是新病不断、老病重现，猪病已成为养猪业健康发展的最大障碍之一，猪病控制的效果直接关系到养猪业的成败。因此，猪病的诊治显得十分重要。掌握猪病的诊断、治疗和预防技术，采取科学有效的诊治措施，是养猪业健康发展的重要保障。为了适应我国养猪业生产实际，满足一线养猪技术人员渴望实用技术的要求，我们根据多年从事猪病研究和猪病诊治的实践经验，在详细阅读国内外相关文献资料，征求基层兽医工作者和该领域有关专家意见的基础上，编写了本书。书中部分图片由其他从事临床、教学的专家提供，在此深表感谢。

　　本书为猪病诊治工作的工具书，共分6个部分，涉及160个问题，包括130种重要猪病。第一部分阐述了猪病诊治的基础知识，第二部分阐述了猪病毒病的诊治，第三部分阐述了猪细菌病的诊治，第四部分阐述了猪寄生虫病的诊治，第五部分阐述了猪维生素缺乏症和猪中毒性疾病的诊治，第六部分阐述了猪普通病的诊治。

　　本书注重科学性和实用性，内容丰富，重点突出，通俗易懂，可供养猪场（户）技术人员、基层兽医工作者、农业院校相关专业师生阅读参考。

　　需要特别说明的是，本书所用药物及其使用剂量仅供读者参考，不可照搬。在生产实际中，所用药物学名、常用名与实际商品名称有差异，药物浓度也有所不同，建议读者在使用每一种药物之前，参阅厂家提供的产品说明以确认药物用量、用药方法、用药时间及禁忌等。购买兽药时，执业兽医有责任根据经验和对患病动物的了解决定用药量及选择最佳治疗方案。

　　由于作者水平有限，书中错误和遗漏之处在所难免，敬请广大读者批评指正。

编　者

目录

前言

一、猪病诊治的基础知识

二、猪病毒病的诊治

三、猪细菌病的诊治

四、猪寄生虫病的诊治

五、猪维生素缺乏症和猪中毒性疾病的诊治

六、普通病的诊治

一、猪病诊治的基础知识

1）猪病诊断的概念是什么?

　　所谓猪病诊断就是认识猪病的过程,通过流行病学调查、临床分析、病理剖检、病原微生物检验、血清学测定等手段,确定猪病的名称及性质,判定疾病的预后,提出对疾病的处理意见,制定正确的防治方案,并建立切实可行的防治措施。

2）怎样对猪病做出正确诊断?

　　正确诊断猪病是控制猪病继续发生和减少经济损失的重要手段之一。猪病的诊断是通过询问病史,了解猪病的流行特点、临床症状、病理变化和药物疗效等信息,将收集到的各种信息与实验室检验结果相结合,然后进行客观的、实事求是的综合分析,最终得出正确的诊断结果。

　　(1) 询问病史　诊断猪病必须了解病史,了解病史对猪病的正确诊断具有重要意义,尤其是中毒性疾病。

　　(2) 流行特点　流行特点也是正确诊断猪病的重要参考依据之一,主要掌握发病猪是群发还是散发,传播速度的快慢,是急性还是慢性,疫病的发生与猪的日龄、性别、季节、所在区域是否有一定的关系等。

（3）**临床症状**　主要掌握以下信息：①外观体征，如精神、眼神、被毛、走路状态等；②体温变化，如体温升高或下降；③全身各个系统的变化，如循环系统、呼吸系统、消化系统、泌尿生殖系统和神经系统等。

（4）**病理变化**　病理变化是正确诊断猪病的重要线索，有些猪病发生时其临床症状并不明显，甚至是发病后突然死亡，病程很短，来不及进行临床检查。因此，需要通过病死猪的尸体剖检，依据各个组织器官的病理变化，结合疫病的流行情况与生前特征，做出比较正确的诊断。

（5）**实验室检验**　某些猪病虽经过临床诊断和病理剖检，但对得出的诊断结果仍有疑问时，就需要进一步做实验室检验。实验室检验主要包括病毒分离鉴定、细菌培养、血清学和分子生物学试验等。

总之，通过上述检查、检验后，再进行系统的综合性分析，最后即可得出正确的诊断结果。

3）猪的体征变化与疾病有什么关系？

猪的一些特定姿势常预示着疾病的存在和发生，如猪呈犬坐姿势，提示呼吸困难，常见肺炎、心功能不全、胸膜炎或贫血，站立时头颈向前伸直也表示呼吸困难；患有胸膜炎的猪通常弓背站立，有跛行的病猪通常不愿站立；头颈歪斜或做圆周运动常提示患有中耳炎、内耳炎、脑膜炎、脑脓肿，并且头颈歪斜或圆周运动方向均以患侧为中心。

健康猪总是两耳竖立或前伸，如两耳下耷或后贴则预示猪的精神状态不佳，乱冲乱撞、对外界声音无反应则预示猪可能耳聋或眼瞎。

白猪皮肤颜色变蓝，预示循环障碍，即严重的呼吸系统疫病，如感染猪繁殖与呼吸综合征、猪瘟、猪肺疫、猪气喘病、流行性感冒等；皮肤变红、出现红色斑点或疹块，预示充血、出血、发热或感染。

猪皮肤上有小点状出血，且常发于腹侧、股内、颈侧，多为猪瘟、猪肺疫、急性副伤寒等病的特征，较大的充血性疹块常预示猪丹毒的发生。

猪的口、鼻及周围皮肤或趾部出现小水疱，并迅速传播，预示口蹄疫或传染性水疱病的发生；皮肤上出现豆粒大小的疱疹，如呈现蔷薇疹、水疱、脓肿、结痂的定期和分型经过，且常出现在鼻盘、头面部、躯干和四肢被毛稀疏的部位，则预示猪痘的发生；体表皮肤有较大的坏死和破溃，预示可能发生坏死杆菌病；皮肤增厚、粗糙，形成皱褶，硬度增加，弹性下降甚至龟裂，病猪经常摩擦皮肤，预示患有疥癣病。

体温升高预示机体受到病原微生物、生物毒素的侵袭，或有其他有毒物质进入体内；体温下降至常温以下常见于衰竭病、严重营养不良、低血糖症、大出血、内脏破裂、中毒症状的晚期以及很多疾病的濒死期。

4 猪的采食、饮水变化与疾病有什么关系？

（1）**食欲减退或废绝**　食欲减退主要见于消化器官的各种疾病和热性病，如全身衰弱、消化和代谢功能紊乱、传染病等；食欲废绝预示疾病的严重性。

（2）**食欲亢进**　食欲亢进常见于重病恢复期、代谢障碍性疾病和一些寄生虫病等。

（3）**饮欲增加与减少**　饮欲增加多见于热性病、大出汗、食盐中毒、严重腹泻等；饮欲减少多见于脑炎及胃肠疾病。

（4）**异嗜癖**　异嗜癖是指猪采食正常情况下不会食用的东西，如泥土、墙皮，母猪食仔或吞食胎衣，仔猪相互咬尾等。异嗜癖预示矿物质、微量元素缺乏。

（5）**采食困难**　采食困难预示舌、咽、食道出现疾病或患破伤风。破伤风严重时，病猪采食、咀嚼、吞咽均不能进行。

5 怎样测量猪的体温? 测量时应注意哪些问题?

一般情况下猪的正常体温在 38~39.5℃, 在排除生理性的影响之后, 体温升高或下降均预示猪已处于发病状态。猪的体温是衡量猪健康状况的一个重要指标, 获得正确的体温数据非常必要。猪的体温常以猪的直肠温度为准, 采用兽用体温计或人用体温计插入猪的肛门中进行测量。具体的测量方法如下: 先将体温计的水银柱甩至35℃以下, 再用75%酒精或0.1%新洁尔灭棉球擦拭温度计; 然后一手将猪尾根部提起, 另一手持体温计缓缓插入肛门中, 放下尾巴, 将拴在体温计上的夹子夹在尾部的毛上固定体温计, 若无夹子则用手轻轻按住, 使体温计在肛门内放置3~5分钟; 取出后读取水银柱上端对应的度数即可。测定后将体温计用消毒棉球擦拭, 以备下次使用。

猪的直肠温度波动较大, 猪在运动或受刺激后直肠温度升高很快, 此时测量则体温偏高。当猪处于静止或躺卧状态时, 测得的体温最具参考性。如果直肠、肛门内有粪球, 应让粪球排出后再测体温, 否则测得的体温不准确。另外, 插入体温计时一定注意不要损伤直肠黏膜。

6 猪的致病因素有哪些?

猪的任何一种疾病都由特定的致病因素引起, 了解和掌握猪的致病因素, 有利于采取有效的预防措施, 消除致病因素的存在, 阻止疾病的发生和传播。常见的致病因素有以下几种。

(1) 病原微生物 病原微生物主要包括病毒、细菌、放线菌、螺旋体、立克次氏体、支原体、衣原体、真菌等。病原微生物可通过不同途径进入猪的体内并在体内生长繁殖, 引起猪机体组织结构和功能损伤, 导致各种传染病的发生。

(2) 寄生虫 寄生虫的种类很多, 常见的有猪蛔虫、球虫、疥螨、弓形虫、住肉孢子虫等, 寄生于体表或体内 (如皮肤、肠道、组织和血液内), 使皮肤结痂、堵塞肠道、压迫组织、破坏细胞，同时释放有毒产物，导致机体发病。

（3）矿物质和维生素缺乏　矿物质（如钙、铁、锌等）和维生素（如维生素 A、维生素 B 等）缺乏均可导致猪代谢性疾病的发生。

（4）毒物　有机磷、亚硝酸盐、黄曲霉毒素等是猪中毒病的重要致病因素，不同的毒物能够引起不同类型的中毒病，如能及时解除毒物，病猪就能明显好转，并逐渐康复。

（5）圈舍的环境状况　圈舍环境状况直接影响着猪的健康水平。圈舍内的卫生、温度、湿度、通风换气等因素必须达到标准要求。舍内卫生状况差、湿度过高或过低、通风换气不良均可导致猪各种疾病的发生。

7 **猪传染病流行的基本环节是什么？其对控制猪传染病有何意义？**

　　猪传染病的流行必须具备 3 个基本环节，即传染源、传播途径和易感猪群。3 个环节相互联系，切断任何一个环节，即可控制猪传染病的发生和流行。认识猪传染病流行的基本环节对控制传染病具有重要意义。消灭 3 个基本环节的具体方法如下。

（1）消灭传染源　对于病猪和带毒猪，主要采取早诊断、早隔离、早治疗的措施，及时淘汰或销毁病猪，定期对圈舍消毒，做好病猪的处理和粪便堆积发酵，杜绝传染源的传入和传出。

（2）切断传播途径　传播途径是指病原体从病猪或带毒猪体内排出后，再进入其他易感猪群所经过的途径。传播途径分为水平传播和垂直传播两大类。水平传播包括直接接触和间接接触两种途径，前者如狂犬病，通过啃咬、交配传播，后者通过空气、飞沫、土壤、饲料、排泄物以及人员往来、交通工具或蚊虫叮咬传播。将上述中间媒介和媒介物进行无害化处理，可切断传播途径。垂直传播包括胎盘和产道两种途径。

（3）消除易感猪群　主要是加强免疫接种，使猪群获得后天免疫力。应改善饲养管理，创造猪群生长的最适环境，减少疫病发生，保护猪群的正常生产。也可采取抗病育种的方法，使猪群

5

获得天然抗病特性。

8 猪患传染病时所表现的热型有哪几种?

发热是许多传染病和炎症性疫病共有的症状,各种发热性疫病在发生时都表现出一定的热型,根据其特点,主要分为稽留热、弛张热、间歇热和不定型热。

(1) 稽留热 高热持续数天或更长时间,昼夜温差不超过1℃,可见于猪瘟、急性传染性胸膜肺炎等。

(2) 弛张热 昼夜温差较大,差值常超过1℃,可见于猪肺疫、猪丹毒和许多败血性疫病。

(3) 间歇热 在持续数天发热后出现无热期,以一定间隔期反复交替出现发热现象,可见于败血型链球菌病、局部化脓性疫病。

(4) 不定型热 体温变化无规律性,多见于非典型猪瘟、猪肺疫和其他非典型经过的传染病。

9 猪传染病发生及发展的规律是什么?

猪的每一种传染病从发生、发展到终结,总是严格遵循着一个规律,即潜伏期、前驱期、症状明显期和转归期,每个时期的特点如下。

(1) 潜伏期 从病原体侵入机体到开始出现最初的临床症状,这一时期叫潜伏期。此期最短的数小时(如猪流行性感冒),最长的可达数月至1年以上(如破伤风、狂犬病等)。一般来说,急性传染病潜伏期较短,变动范围较小;慢性传染病潜伏期较长,变动范围较大。由于多数传染病的潜伏期都比较恒定,所以有助于推算猪各种传染病的被感染期,这样就可根据潜伏期确定传染病的隔离、封锁时间。

(2) 前驱期 从临床症状出现开始,到特征性症状出现,这一时期叫前驱期。此期病猪仅表现为体温升高、精神沉郁、食欲减退、饮欲增加、不愿走动等一般性临床症状,预示着传染病开始发生。如果在此期能做出初步判断，并采取适宜的防治措施，将能大大减少经济损失。

（3）**症状明显期**　此期是传染病发展的高峰阶段，能明显地表现出特征性临床症状，易于对疫病做出诊断。

（4）**转归期**　此期为症状明显期过后，到传染病终结的时间。此期有两个转归方向，一个是病原体致病性增强或病猪抵抗力下降，最终导致病猪死亡；另一个是病猪的抵抗力逐渐增强，各种组织损伤和功能障碍得到恢复和调整，症状逐渐消失而渐渐康复。

10　**什么是病理剖检？病理剖检时应注意哪些问题？**

病理剖检又称尸体剖检，是对病死猪或扑杀的濒死猪进行剖检，应用病理解剖学的知识，通过肉眼或显微镜观察尸体内部组织器官的形态变化及其组织细胞的病理变化。由于有些疫病具有特定的病理变化，因此其对疫病的确诊具有重要意义。进行病理剖检时应注意以下问题。

（1）**剖检时间和地点**　由于死后尸体容易腐败和酶解，影响对病变结果的观察，因此尸体剖检应在猪死亡后较短的时间或濒死期内进行。剖检地点要选择在光线充足，远离猪舍、村庄、河流、公路，易于环境消毒和无害化处理的地方。

（2）**剖检时的个人防护**　剖检时首先要注意个人防护，剖检人员要戴口罩、眼镜和手套，穿工作服，严格避免工作人员的皮肤损伤，剖检结束后要对双手进行消毒，防止人畜共患病的感染。

（3）**剖检后的处理**　对剖检尸体、污染物、渗出物、排泄物和病变组织器官，要进行无害化处理，对使用的工具和周围环境必须严格消毒，以防病原扩散与传播。

（4）**剖检记录**　剖检过程中要做好记录和照片的拍摄工作，确保原始资料的真实性和可靠性，为进一步确诊提供科学依据。

猪病诊治的基础知识

11 给猪投药的方法有哪些？投药时应注意什么？

猪的常用给药方法有 4 种，即自由采食给药法、灌服给药法、注射给药法和体表给药法。

（1）自由采食给药法 当病猪还能吃进少量饲料，而且所给药物剂量小、无异味、无刺激性时，可将药物均匀地混于少量饲料中，让猪自由采食。当猪不再采食，但能饮水时，可将药物溶于水中，让其自由饮用，注意给药前应停止供给饮水，使猪产生饮欲，所用药物要具有水溶性。采用自由采食给药法时要严格审查加入药物的浓度，以免发生药物中毒，造成猪的大批死亡。

（2）灌服给药法 分为直接灌服法和胃管灌服法。

① 直接灌服法。如果是小猪，首先提起其前肢和前躯，用木棒将嘴撬开；如果是大猪，则用绳环套入口腔上腭，然后把药丸、药片置于舌根面处让其吞下，或用长嘴瓶、不带针头的注射器深入口角内，缓缓地倒入药液，待猪咽下后再灌第二次、第三次，直至药液灌完。采用直接灌服法给药时应注意，如猪极度挣扎或大叫，应停止灌药，因为此时灌药易进入气管，造成异物性肺炎或窒息。

② 胃管灌服法。保定好猪后，将胃导管向咽喉部插入，当导管到达咽喉时，猪开始出现吞咽动作，此时乘机将导管插入，并将药液倒入导管送入胃内。采用胃管灌服法时要注意避免胃导管对食道黏膜的损伤。

（3）注射给药法 分为肌内注射、皮下注射、静脉注射和腹腔注射等。注射给药法所给药物要求剂量准确、吸收快、产生药效迅速。应注意注射用具及注射部位的消毒，刺激性较强的药物不宜皮下注射，以免引起局部发炎和坏死。

（4）体表给药法 将药物溶于水或调成糊状，直接涂布于猪体表患处，主要用于治疗外伤和杀灭体表寄生虫。

12 影响药物作用的因素有哪些？

药物的药理效应是药物与机体相互作用的综合表现，药物在使用过程中，能否发挥其应有的药理效应受多种因素的影响，凡是影响药物和机体的所有因素均可影响药物的药理效应。

（1）**动物因素** 指猪的品种差异、个体差异，以及年龄、性别、功能状态和病理状态的影响。

（2）**药物因素** 包括药物的理化性质、化学结构、稳定性、可溶性、采用的剂型、给药剂量、配伍用药、给药途经的影响。

（3）**饲养管理和环境因素** 气候恶劣、环境肮脏、饲养密度大、通风不良、圈舍湿度大、应激因素持续存在等，均可影响药物发挥其正常的药效作用。

13）使用抗菌药物前为什么要做药敏试验？怎样做药敏试验？

在养猪生产中，由于抗菌药物的长期使用，导致了耐药菌株不断增多，如果盲目使用抗菌药物，一般效果不佳。因此，以药敏试验结果做指导，正确选择抗菌药物，已成为抗菌药物使用的准则。

药敏试验的方法有很多种，如纸片扩散法、试管法、挖洞法等。因纸片扩散法简便易行，获得结果快，是目前最常用的方法。其具体操作步骤包括药敏纸片的制备（常用的抗菌药敏纸片已有商品供应）、药敏培养基的制备、选择试验方法以及结果判断。一般采用直尺测量抑菌圈的直径，15～20毫米为高度敏感，10～14毫米为中度敏感，10毫米以下为低度敏感，无抑菌圈为不敏感。

14）什么是抗原、抗体？什么是抗原抗体反应？

凡能刺激机体产生抗体或致敏T淋巴细胞，并能与之结合引起特异性反应的物质（如疫苗、类毒素）称为抗原；抗体是在抗原刺激下产生，并能与抗原特异性结合的免疫球蛋白，它是构成机体体液免疫的主要物质。

抗原和相应抗体在体内或体外相遇所发生的各种反应，统称为抗原抗体反应，又称免疫学反应。

15 什么是母源抗体？母源抗体的特性是什么？

母源抗体是指初生仔猪通过母体胎盘或初乳获得的被动性抗体。母源抗体是由产仔母猪产生的抵抗某种疫病的特异性抗体。

母源抗体具有双重特性，当仔猪获得较高水平的母源抗体时，在一定时间内能够抵抗病原体的感染，避免仔猪的早期感染。在某些传染病的防控中，如猪大肠杆菌、猪传染性胃肠炎、猪瘟等，常通过加强母猪的免疫，使其产生较高的抗体水平，确保仔猪获得足够的母源抗体，发挥抗病作用。而当仔猪的母源抗体水平较高时，母源抗体对仔猪的免疫又有一定的影响，高母源抗体可以中和弱毒疫苗，从而抑制弱毒疫苗的繁殖，缩短其在体内的存活时间，严重干扰弱毒疫苗对仔猪的免疫效果。

因此，在对仔猪进行免疫接种时，仔猪母源抗体滴度低于临界值以下时最为合适，此时接种方可取得较好的免疫效果。

16 为什么要对猪群进行免疫监测？

免疫监测是指利用现代免疫学方法定期对猪群不同特定病原体的特异性抗体水平的测定，根据测定的数据科学评价猪群的健康状况和存在的风险。

对猪群的免疫监测是控制疫病发生的重要措施，定期对防疫后的猪群进行免疫检测，既可观察免疫效果，又可提示猪场有无强毒感染，从而科学制订适合本场的免疫计划。抗体水平在保护限以上个体占总数的85%以上时，说明免疫效果可靠；如抗体水平低下，群体保护率在50%以下，说明免疫失败。当猪群中个体抗体水平差异巨大，高的很高，低的很低时，提示该猪群可能有强毒感染。

17 猪传染病的常用实验室检测方法有哪些？

猪传染病的实验室检测方法包括病原学检测、免疫学检测、分子生物学检测、病理组织学检测和动物试验。依据不同疫病病原的不同特性，可选用最适宜的检测方法。常用的检测方法为免疫学检测和分子生物学检测。

免疫学检测应用较多的是酶联免疫吸附试验、微量中和试验、胶体金免疫试纸检测、间接血凝试验、琼脂扩散试验等，其中应用最广泛的为酶联免疫吸附试验，即酶标试剂盒检测方法，以上这些检测方法常用于病原体或相应抗体的测定。分子生物学检测应用最广泛的为聚合酶链式反应技术或反转录-聚合酶链式反应技术，常用于病原体 DNA 或 RNA 特异性片段的扩增与鉴定。

18 如何进行病料的采集、保存和送检？

正确采集和保存病料对获得可靠的诊断结果具有重要意义，基层兽医工作者有必要掌握和了解病料的采集、保存和送检方法。

（1）病料的采集 病料采集对象的原则是发病后未经治疗、自然死亡、症状和病变典型的病例，采集病变明显的新鲜病料并防止污染。病料分为固体材料和液体材料，按其用于检测方法的不同分为病原学材料、血清学材料和病理学材料。固体材料一般指脏器、皮肤、毛发、骨骼等，液体材料一般为血液、血清、渗出液、尿液、胃溶液等。固体材料一般采集 64 厘米^3 大小的组织块，液体材料一般采集 10~20 毫升。

（2）病料的保存 病理学检验用的病料应立即放入 10% 甲醛溶液或 95% 酒精中固定，固定液的用量为标本体积的 5~6 倍。若用 10% 甲醛溶液固定，24 小时后更换新鲜溶液 1 次。细菌学检验用的病料应放入灭菌过的 30% 甘油生理盐水中，病毒学检验用的病料应放入灭菌过的 50% 甘油生理盐水中。液体材料应于每毫升病料中加入 1~2 滴 5% 苯酚溶液，如果要做病原分离培养的则不用加入。盛放病料的容器须加塞封固。

（3）病料的送检 在盛放病料的容器上编号，并详细记录，附上送检单。对危险材料以及怕热、怕冻材料要采取相应措施，

微生物学检验用的病料都怕受热，病理学检验用的病料都怕受冻，在送检时应注意防热和保温。

19 如何监控猪场可能发生的疫病？

要想监控猪场可能发生的疫病，兽医技术人员必须做好以下3项工作，即疑似非正常个体猪的检查、异常猪群的检查和正常猪群的健康评估。具体方法如下。

（1）临床观察 认真观察猪群的生活状态，包括运动状况、精神状况、休息姿势、采食和饮水状态以及体温的测定，牢固掌握健康猪群与异常猪群上述指标的差异，及时发现可疑征兆。

（2）病理变化检查 对意外死亡或正常宰杀的猪进行病理学检查，由于猪患病后组织脏器都有不同的病理变化，尤其是很多疫病都存在典型的病理变化，通过观察病理变化为可能发生的疫病提供参考线索。

（3）实验室检验 依据养猪场的实际情况，在本场或在有关单位的协助下，制订详细的检测计划，应用现代微生物学、免疫学、分子生物学和病理组织学等综合检验手段，定期进行检测，检测重点应集中在病原学和免疫学检测，及时发现可能发生的传染病，为制定准确有效的防控方法提供可靠依据。

20 什么是免疫接种？为什么要对猪进行免疫接种？

免疫接种是通过不同的途径将疫苗接种于动物体内，激发动物机体产生特异性抵抗力，使易感动物转化为非易感动物的一种方法。由于健康猪体内不存在能够激发机体产生特异抵抗力的有效成分，尤其是高致病性病原体的有效抗原成分，要使易感猪群变为非易感猪群，产生特异性抗病能力，必须使有效的抗原成分进入猪的体内，才能诱发机体产生细胞免疫和体液免疫，因此，必须对猪群进行免疫接种。有组织、有计划地按照一定免疫程序对猪群进行免疫接种，是预防和控制猪传染病的重要措施之一，尤其是对猪瘟、口蹄疫等重大传染病，免疫接种更具有重要意义。

21 怎样保障免疫接种效果的可靠性？

在养猪生产中，免疫接种是不可缺少的一个关键程序，利用何种疫苗、何时接种，接种疫苗的数量、种类、先后顺序及间隔时间等问题至关重要。多种疫苗的无序接种，不仅会增加饲养成本，而且无法取得良好的免疫效果。因此，只有合理地选择疫苗，建立科学的免疫程序，才能达到既节省成本又防病的目的。保障免疫接种效果可靠性的具体解决办法如下。

（1）正确选择疫苗种类 由于预防猪病的疫苗很多，不能全部接种或盲目接种，要根据当地和周边传染病的发生和流行特点，结合本场实际情况选择接种疫苗的种类和类型，有目的地进行免疫接种，对于当地未发生过且无传入本场可能的疫病，就没有必要选用该疫病的疫苗。

对于血清型较多且交叉保护率又低的病原体（如口蹄疫），在免疫接种时所选疫苗的血清型必须与所要预防疫病病原体的血清型一致，否则达不到预防目的。

（2）制定科学的免疫程序 由于每个地区、每个养猪场所发生的传染病不同，因此用来预防传染病的疫苗也不相同，免疫期长短也不一样，所以养猪场（户）往往需用几种疫苗来预防不同的疫病。这就需要依据所选疫苗的免疫特性，合理制订免疫接种的间隔时间和接种次数，即制定科学的免疫程序。

（3）及时检查免疫接种效果 如果猪处于发病期、潜伏期、体弱、生理状况不佳状态，或母源抗体较高、接种途径不正确、不同疫苗相互干扰等，均可导致免疫应答的失败。对免疫猪群随机抽样 30～50 头，采血分离血清样品进行自行测定或送协作单位测定免疫效果，如免疫失败，要及时查出导致失败的因素，在排除上述因素的基础上，再次接种并再次检查免疫接种效果，直至完全保护为止。只有机体对疫苗产生了免疫应答，才能对免疫猪群起到保护作用。

22 猪的免疫接种方法有哪些？接种时应注意哪些问题？

猪疫苗的接种方法有注射法、口服法和气雾法。注射法是最常用、最可靠的接种方法，其中包括肌内注射、皮下注射、静脉注射和腹腔注射；口服法和气雾法应用较少。根据疫苗特点和要求可以选择不同的方法进行免疫接种。在使用上述方法时应注意以下问题。

（1）注射法接种 注射前后使用的注射器必须经过清洗和消毒，常用的消毒方法是蒸汽消毒和煮沸消毒，不要采用酒精涂擦或火焰烧烤注射针头的消毒方法。当注射大量药液时，必须将药液温度调至与体温相近时再注射；静脉注射时不要将药液漏出血管以外；腹腔注射时，注射部位的深度一定要准，否则容易伤及肝脏、胃、肠、膀胱等脏器。注射时1头猪使用1个针头，以免通过针头扩散病原。

（2）口服法接种 要排除导致弱毒苗死亡的因素，如高温、暴晒、酸碱度、抗菌药物等，使用弱毒苗前后1周内禁用各种抗菌药物。菌苗拌料口服时，禁止使用酸败和酸性饲料，禁止使用热水、热食拌苗。

（3）气雾法接种 有慢性呼吸道疫病存在时禁用气雾法接种，否则易引起慢性呼吸道疫病的暴发。气雾接种应控制雾化气溶胶的沉降速度，以免造成舍内湿度过大。

23 什么是超前免疫？超前免疫的效果如何？

初生仔猪在哺食初乳之前（生后1～1.5小时）所进行的疫苗免疫称为超前免疫。超前免疫可使仔猪避开母源抗体的干扰，并迅速使仔猪获得既整齐又较高的抗体水平，从而防止野毒感染。当猪场长期受猪瘟病毒污染时，进行超前免疫是净化猪场内猪瘟的好方法。但关于超前免疫目前仍有争议，一些专家认为超前免疫并不能取得理想的免疫效果，主要原因是仔猪免疫系统尚未发育完善。

24 猪常用的疫苗类型有哪些？如何正确使用疫苗？

猪常用的疫苗类型有弱毒苗（活苗）和灭活苗（死苗）两种，依据所防疫病的不同可以选用不同的疫苗，如猪瘟防疫使用猪瘟弱毒苗，仔猪副伤寒防疫使用仔猪副伤寒弱毒苗，猪伪狂犬病防疫使用猪伪狂犬病灭活苗。有时既可使用弱毒苗又可使用灭活苗，如猪繁殖与呼吸综合征和猪链球病免疫时既可以使用弱毒苗，也可以使用灭活苗。

使用疫苗前要认真阅读使用说明书，掌握疫苗的用途、用量、用法和注意事项，避免操作不当造成疫苗的免疫效果下降。

在应用冻干苗时，要使用说明书规定的稀释液进行稀释，稀释后的疫苗要充分振荡，并放在阴暗处，接种过程中要避光避热，遵循规定的稀释倍数和接种剂量，母源抗体水平较高的仔猪可暂不接种。不需稀释的灭活苗或湿苗，则按疫苗规定剂量接种。

不同疫苗的最佳接种途径均为说明书规定途径，接种时按说明书要求的途径接种，切不可随意改变接种途径，如要求肌内注射的疫苗不能改为口服，否则会造成免疫失败。

疫苗由储藏处取出后，尤其是开启和稀释后，必须在规定的时间内使用完毕，超过规定时间未使用的疫苗不能再次使用。

25 怎样检查疫苗的质量？

疫苗质量是关系到免疫成败的关键，所以检查疫苗质量优劣对猪的免疫很重要，常用的检查方法有以下几种。

（1）物理性状的检查　各种疫苗在应用前要认真检查包装有无破损，外观是否符合疫苗规定的要求。凡玻璃瓶有裂纹、瓶塞松动以及疫苗色泽等物理性状与说明书不相符者，均不得使用。

（2）冻干苗和灭活苗的检查　冻干苗不能失真空，灭活油乳剂苗不能分层，否则使用这些疫苗后会造成免疫失败。

（3）效力检查　虽然正规生物药品厂所生产的疫苗均经过严格检验，产品合格，但如果在保存、运输和使用过程中未按要求

执行也会造成质量下降。为确保免疫效果，疫苗使用前应按照农业部颁布的生物制品规程进行效力检查。

26 如何保管疫苗？如何选择接种猪、疫苗和用具？

要使疫苗接种到猪体内能够产生确实的免疫力，就必须将疫苗合理保存、运输和使用。一般保存液体疫苗要避免高温、结冻和阳光直射，保存温度在2～15℃。保存冻干苗在0℃以下低温储藏，如猪瘟冻干苗，应在−15℃条件下保存，如在0～8℃条件下保存，保存时间应缩短1/4～1/2。灭活疫苗一般要求在2～8℃条件下保存。凡是低温保存的疫苗，在运输中，应采取冷藏措施，使运输过程中温度不高于10℃。

使用疫苗前应注意选择合格的接种对象和合格的产品、用具。

（1）接种猪的选择 免疫接种时要选择健康猪作为接种对象，使用疫苗前要对猪群做健康检查，凡是患病、瘦弱、妊娠后期、体质不健康的猪应做好登记，不能作为接种对象。在接种过程中或接种完毕后，观察接种猪是否有应激反应，如果发现有反应，要及时对症治疗。

（2）疫苗的选择 针对要防控的疫病，要有目的地选择合格的优质产品，购买时要选择有批准文号的疫苗，并在动物防疫部门或正规生物制品厂家购买。检查购进疫苗的瓶口、胶盖是否密封，对标签上的名称、批号、有效期做好登记，过期的、冻干苗失真空的、油苗分层的、保存温度不当的、瓶内有异物的或发生物理与化学异常变化的疫苗不能使用。

（3）用具的选择 接种疫苗用具的选择原则是无菌，在接种前后所用器械均需高压蒸汽灭菌。

27 影响猪群免疫效果的因素有哪些？

猪群的免疫效果是疫苗与机体免疫系统相互作用结果的表现，影响疫苗和机体免疫系统的很多因素均可影响最终的免疫效果，其主要影响因素有以下几个方面。

（1）**遗传因素**　不同品种，或同一品种、不同个体的猪只，对同一种疫苗免疫应答反应的强弱也有一定的差异。

（2）**营养和环境因素**　维生素、微量元素和氨基酸缺乏可影响抗体的产生，环境过冷、过热、湿度过大、通风不良等，均可导致猪对抗原的免疫应答能力下降，从而影响免疫效果。

（3）**血清型与母源抗体**　由于很多病原具有不同的血清型，而血清型之间仅有轻微交叉免疫力或无交叉免疫力，所以血清型多的病原体最好使用多价苗。另外，高水平的母源抗体在很大程度上影响疫苗的免疫效果，所以仔猪应依据母源抗体的高低，确定免疫时间。

（4）**疫苗和其他因素**　疫苗本身质量及其保存、运输方法可直接影响免疫效果。免疫抑制性疫病、中毒病和代谢病对免疫应答也有较大影响。疫苗搭配不当所产生的疫苗之间的干扰，同样会影响疫苗的免疫效果。

28 接种过疫苗的猪群为什么还会发病？

（1）**机体免疫应答效果不一**　无论何种疫苗，均不可能对机体产生绝对的保护，猪体注射疫苗后，机体对疫苗所产生的免疫应答反应会受到各种不同因素的影响，所以在接种过疫苗的群体中，获得免疫力的水平绝对不一样，猪群中大多数猪的免疫可能是成功的，能够得到保护，而个别的猪可能会出现免疫失败，得不到保护。

（2）**正常免疫受到抑制**　当免疫猪群受到免疫抑制性疫病（如猪圆环病毒病、繁殖与呼吸综合征）侵袭和各种应激因素干扰或机体营养状况不良时，往往会导致免疫失败，甚至引起机体发病。另外，高水平的母源抗体具有抑制弱毒苗的作用，所以在给仔猪免疫时，如果仔猪的母源抗体处于高滴度状态，也会导致免疫失败。

一

猪病诊治的基础知识

（3）**疫苗失效或使用不当** 如果在疫区进行紧急接种，或在未暴露疫情的地区免疫接种，有些动物在接种时已处于潜伏期，往往在接种后短期内发病。弱毒苗失效、储存不当或与抗菌药物并用，用化学消毒剂或火焰消毒注射器，接种部位涂擦酒精过多等都会对疫苗产生不良影响，甚至导致免疫失败。

（4）**猪群感染带毒** 猪群长期带毒，或猪群中偶有猪只尤其是种猪有健康带毒或耐过带毒现象，往往导致疫苗免疫应答力较差的猪感染发病，也可造成防疫空档期和强化免疫间隔期的猪只发病。

29 什么是紧急免疫接种？为什么要进行紧急免疫接种？

紧急免疫接种是指在发生传染病时为了迅速控制和扑灭疫病的流行，对疫区和受威胁区尚未发病的畜、禽进行的快速免疫接种。实践证明，在非疫区使用某些疫苗进行紧急接种是切实可行的。如在暴发猪瘟、口蹄疫等重大传染病时，经常进行紧急接种，会取得较好的效果。在疫区应用疫苗进行紧急免疫接种时，对发病猪和潜伏期病猪，要求不再接种，因为潜伏感染的猪在接种疫苗后不仅不能得到保护，反而会促使其更快发病，所以在紧急接种后一段时间内，猪的发病数反而是有增无减，待疫苗产生抵抗力后发病数随即下降，从而使疫病流行很快停息。

30 猪场发生传染病时需要采取哪些措施？

猪场一旦发生传染病，要立即查明并消灭传染源，切断传播途径，采取相应措施提高猪群对传染病的抵抗力，及时扑灭疫情，避免疫病在猪群中大面积流行。对于病猪或可疑病猪，应依据疫病的性质和国家颁布的动物检疫相关法律、法规要求及时处理。暂时不能确诊而通过治疗能够痊愈的就要隔离治疗。若患病猪数量较多，危害又大，一时无法扑灭疫情，则应划区域进行封锁。

（1）**检疫**　就是应用各种诊断方法对动物及其产品进行疫病检查，并采取相应措施，防止疫病的发生和传播。

（2）**隔离**　通过临床检查和实验室检验，将发病猪和健康猪区分开来，对病猪或可疑病猪进行隔离观察或治疗，当发现属烈性传染病时要进行封锁并上报上级主管部门。

（3）**封锁**　当发生烈性传染病（如炭疽、口蹄疫、猪瘟）时要把人、畜和各种动物固定在一定区域，不要与外界发生直接联系，认真做好封锁。

（4）**消灭传染源**　在严格隔离、封锁、防止疫情蔓延的同时，要及时扑杀病猪并销毁，对圈舍及周围环境进行彻底消毒。

二、猪病毒病的诊治

31 怎样诊治猪瘟?

猪瘟又叫烂肠瘟,是由猪瘟病毒引起猪的一种急性、热性、接触性、高致死性传染病。其发病特征为发病率和死亡率都很高。急性型呈败血症变化,实质器官出血、坏死和梗死;慢性型呈纤维素性肠炎,是危害养猪生产的重大传染病。

【流行特点】 本病不分品种、年龄,一年四季均可感染发病,病猪是本病的主要传染源。病猪既可通过排泄物、分泌物污染环境散播病毒,又可通过肉品、脏器、污水散布大量病毒,即使病猪康复后仍可带毒、排毒。病猪的全身组织和体液内均有病毒存在,但以淋巴结、脾脏和血液中含毒量最高。易感猪可通过采食病毒污染的饲料、饮水,经扁桃体、口腔黏膜和呼吸道黏膜被感染。目前许多文献报道,患病或弱毒感染的母猪,经胎盘垂直感染胎儿后,可产出弱胎、死胎、木乃伊胎。母猪免疫水平低下,感染强毒时,可引起亚临床感染,如果母猪在配种期或妊娠期注射疫苗,则疫苗毒可通过母猪胎盘感染仔猪,最终导致母猪繁殖障碍病的发生和其他日龄猪的零星死亡。目前认为猪瘟病毒只有 1 个血清型,但毒株有强弱之分,低毒力毒株经易感猪传代后,毒力可恢复至强毒株水平。

【临床症状】 猪瘟的潜伏期通常为 5 ~ 7 天，但最短为 2 天，最长可达 21 天，甚至可以耐过。按发病经过和症状表现不同，可分典型猪瘟、非典型猪瘟（或温和型猪瘟）、神经型猪瘟和迟发型猪瘟。

（1）典型猪瘟 病猪体温升高，呈稽留热型，皮肤、黏膜发绀、出血，可见全身呈败血症变化。病程稍长的病猪表现为弓背、寒战、厌食、喜钻垫料，初便秘后腹泻，粪便恶臭，附有黏液或血液，多在 1 周左右死亡。不死的病猪转为慢性，表现为体温时高时低，食欲时好时差，病程 20 天以上，多转归死亡。

（2）非典型猪瘟 这是 20 世纪 80 年代以后，国内外发生的一种病情缓和、感染后潜伏期长、发病后症状较轻、病变不典型、发病率和死亡率均不高的猪瘟类型。病猪皮肤虽然不见出血点，但腹下部有瘀血和坏死，病愈猪出现干耳、干尾，病程长达 3 个月以上，甚至成年猪可以耐过。

（3）神经型猪瘟 主要表现为新生仔猪瘦弱，2 ~ 15 日龄出现神经症状（如肌肉震颤、磨牙、转圈、倒地痉挛），最后抽搐死亡。

（4）迟发型猪瘟 先天感染弱毒株后，毒株在体内增殖，毒力逐渐增强，表现为迟发型猪瘟。病猪一般体温正常，几个月后出现精神沉郁、厌食，病情加重时腹泻，后肢麻痹死亡，耐过者往往成为亚临床感染的带毒者，从而形成恶性循环。

【病理变化】 典型猪瘟的病变为耳、四肢、胸、腹等处皮肤上常见紫红色斑点，肾脏呈土黄色贫血状，表面和切面可见针尖大的出血点（见彩图 2-1）。脾脏不肿大，但边缘有时出现绿豆大小的暗紫色出血性梗死灶（见彩图 2-2）。全身淋巴结，尤其是下颌淋巴结（见彩图 2-3）、肠系膜淋巴结肿大（见彩图 2-4），呈暗红色，周边出血，切面呈红白相间的大理石样外观。盲肠、结肠和回盲瓣处黏膜上发生大小不等的特征性纽扣状溃疡（见彩图 2-5）。喉头黏膜、会厌软骨（见彩图 2-6）、膀胱黏膜有数量不等的出血点或出血斑（见彩图 2-7）。非典型猪瘟病变比较轻微，淋巴结仅

呈现水肿状态，轻度出血或不出血，肾脏出血点不一致，膀胱黏膜只有少数出血点，脾脏稍微肿大，有时可见 1～2 个坏死灶，回盲瓣可见溃疡、坏死，但很少有典型的纽扣状溃疡病变。

【诊断】 根据流行特点、临床症状和病理变化，可以做出初步诊断，必要时进一步做实验室检验。常用的实验室诊断方法有猪体免疫试验、兔体交叉免疫试验、琼脂扩散试验、免疫荧光抗体检查、正向间接血凝试验、酶联免疫吸附试验以及聚合酶链反应扩增试验等。

【类症鉴别】

(1) 与猪丹毒的鉴别 两者均表现为体温升高、喜卧地、皮肤呈紫色。不同点是：猪丹毒病猪体温比猪瘟病猪高，可达43℃，在猪群中传播较慢，一般多发生于夏季，以 3～12 月龄的猪易感，发病率和死亡率比猪瘟低，皮肤上有红斑、指压褪色，体温虽高，但有一定食欲，粪便一般正常，病程约为数天，但也有突然或短时间死亡的。剖检可见脾脏肿大、肾脏瘀血肿大，有大红肾之称，淋巴结切面不表现大理石样花纹，大肠黏膜无显著变化，用青霉素等药物治疗有显著疗效。

(2) 与猪肺疫的鉴别 两者均表现为体温升高，精神沉郁，皮肤有出血斑点。不同点是：猪肺疫多呈散发，特别是气候和饲养管理条件剧变时多发，发病率和死亡率比猪瘟低，一般不引起大流行。病猪呼吸困难，咳嗽，咽喉部呈急性、热性硬肿，俗称肿脖瘟。剖检可见肺脏呈现出血性、纤维素性或坏死性肺炎，肉眼可见肝样变，大肠无可见病理变化，抗生素治疗有一定效果。

(3) 与仔猪副伤寒的鉴别 两者均表现为体温升高，精神沉郁，腹泻，皮肤有紫红色斑点。不同点是：仔猪副伤寒多发生于阴雨连绵季节和 6 月龄以下小猪，一般呈散发，急性的先便秘后腹泻，有时粪便带血，胸、腹部皮下呈蓝紫色。慢性的体温不高，顽固性腹泻。剖检可见脾脏肿大呈紫色，无出血性梗死灶。大肠黏膜增厚，表面粗糙，不形成纽扣状溃疡。小肠有一层糠麸样坏死伪膜，易于剥落。脾脏肿大，常有星芒状坏死灶。使用氟苯尼考、卡那霉素、庆大霉素等抗菌药物和磺胺类药物有一定的治疗效果。

（4）与猪链球菌病的鉴别　两者均表现为体温升高，排稀便，皮肤黏膜发绀。不同点是：急性败血型猪链球菌病，有神经症状，如转圈、磨牙、前肢高踏、运动失调、后肢麻痹、嗜睡、不能站立。关节肿大，早期发硬，后期化脓，导致运动障碍。剖检可见喉头、气管充血，有大量泡沫，脾脏肿大，肾脏呈充血性出血斑点，脑膜充血出血。抗菌药物（如林可霉素、庆大霉素等）治疗有一定效果。

（5）与非洲猪瘟的鉴别　两者均表现为体温升高，精神沉郁，耳、腹部有紫斑。不同点是：非洲猪瘟病猪当体温下降时才出现临床症状，此时病猪至少已发热4天，已处于濒死状态；而猪瘟病猪一旦出现体温升高，就表现出明显的临床症状，直至死亡。非洲猪瘟死亡后剖检可见腹腔、胸腔、心包内液体较多呈黄色，肠系膜胶样水肿，淋巴结严重出血，状似血瘤；而猪瘟淋巴结充血、出血、水肿，外观似大理石样花纹。非洲猪瘟在我国尚未发现，也无免疫接种，对所有猪均易感，多呈暴发流行；而猪瘟在我国普遍使用了猪瘟疫苗，所以大部分猪对猪瘟有一定抵抗力，即使发病也呈亚急性或慢性流行。

（6）与猪附红细胞体病的鉴别　两者均表现为体温升高，精神沉郁，耳、腹下、腹股沟出现紫斑。不同点是：猪附红细胞体病病猪全身皮肤发红，可视黏膜苍白有黄疸。剖检肌肉颜色变浅，脂肪黄染，血液稀薄，凝固不良。使用血虫净（贝尼尔）、磺胺药物治疗有一定效果。

（7）与猪弓形虫病的鉴别　两者均表现为体温升高，精神不振，皮肤有紫红斑。不同点是：猪弓形虫病多发于炎热季节，临床表现为咳嗽，呼吸困难，尿多呈黄色或橘黄色，耳根、下腹、股内侧呈紫红色，与四周皮肤界限明显，不像猪瘟那样呈弥散性出血。后肢无力，起立困难，运动失调，呈现高热。剖检可见肺部肿胀、表面有出血点，脾脏肿大，肝脏、肾脏有灰白色或灰黄

色坏死小点，大肠黏膜有浅平溃疡，磺胺类药物治疗有一定效果。

（8）与黄曲霉毒素中毒的鉴别　两者均表现有神经症状。不同点是：黄曲霉毒素中毒病猪体温正常，急性病例以充血、出血为特征，有黄疸，病猪兴奋或沉郁，以头抵墙，腹下部和皮下肌肉出血。

【预防措施】　适时进行猪瘟疫苗的免疫接种。一般公猪、育成猪每年春、秋两季各注射猪瘟弱毒苗 1 次，对受威胁猪群，无论何时都要紧急预防接种。初产母猪和繁殖母猪配种前 7～15 天免疫 1 次。仔猪的免疫依据母源抗体的消长规律，可采用以下两种免疫程序：一是常规免疫，即在母猪免疫的基础上免疫母猪所生仔猪，一般于 20～25 日龄用 3 头份猪瘟弱毒苗首次免疫，60～65 日龄用 5 头份猪瘟弱毒苗进行二次免疫；二是超前免疫，即在发生过猪瘟的猪场或无法解决母源抗体干扰的情况下，采用新生仔猪的乳前免疫，在仔猪哺食初乳前用 2～3 头份猪瘟弱毒苗免疫，1～1.5 小时后再让其自由哺乳，然后于 6～7 周龄时再给仔猪加强免疫 1 次。

坚持自繁自养，必须引进种猪时，最好就地注射猪瘟弱毒苗，待产生免疫力后，方可引入。进场需隔离观察 15 天，确认为健康猪时才能混群饲养，对患有带毒综合征的母猪，应立即淘汰。

加强饲养管理和卫生消毒工作，猪舍内外要定期大消毒，粪便要在指定地点做生物热处理，发现病猪和可疑病猪，立即隔离或扑杀，圈舍、用具彻底消毒。

【治疗方法】　目前对猪瘟尚无有效疗法，对于贵重的种猪或非典型猪瘟，在发病早期可大剂量肌内注射猪瘟弱毒苗，刺激机体产生干扰素，抑制病毒在细胞内复制。也可注射猪瘟高免血清，以中和体内病毒。

32）怎样诊治猪口蹄疫？

口蹄疫是由口蹄疫病毒引起偶蹄动物的一种急性、热性、高度接触性传染病。猪发病后以口腔黏膜、蹄部、乳房皮肤出现水疱，继而发生溃疡为特征。

【流行特点】 口蹄疫病毒有7个血清主型，即A型、O型、C型、南非Ⅰ、南非Ⅱ、南非Ⅲ和亚洲Ⅰ，共包含65个血清亚型，每个血清亚型又有毒力不同的毒株。猪、牛、羊对本病毒易感，近年来最易感动物由黄牛转变为猪。口蹄疫病毒在猪体内潜伏期很短，传播快，流行广，易感性强，发病率高达100%。一般口蹄疫不会直接引起易感成年猪死亡，但对新生仔猪危害极大，1月龄内的仔猪死亡率为60%~80%。本病一年四季均可发生，但由于气温、光照对病毒的影响较大，所以流行的特点常表现为秋季开始、冬季加剧、春季减轻、夏季平息。病猪和带毒猪是主要传染源，通过发病猪的水疱液、排泄物、分泌物、呼出的气体等途径，向外散发感染力极强的病毒。据资料报道，每毫升水疱液大约可使100万头牛或10万头猪发病。当污染的饲料、饮水、空气被饲喂、饮用、吸入，或污染用具被使用后，即可引起易感猪发病。

【临床症状】 潜伏期1~4天，人工感染时潜伏期更短。病猪表现为精神不振、体温升高、厌食、流涎，特征性症状是鼻盘、唇边、蹄冠、蹄叉、母猪乳头有明显水疱，水疱破溃后露出暗红色、边缘整齐的糜烂面，严重时蹄壳脱落，蹄痛跛行。体重大的猪，尤其是肥育猪、母猪蹄痛时不能站立，跪地爬行。妊娠猪流产。如无细菌继发感染，则经1~2周病变损伤处结痂愈合。若蹄部严重病损，则需3周以上才能愈合。哺乳仔猪患病时水疱症状不明显，主要表现为胃肠炎和心肌炎，卧地不能哺乳，常常于哺乳时急性死亡。

【病理变化】 口腔、蹄部、鼻端、乳房等处出现水疱，水疱破裂形成烂斑，不久烂斑表面覆盖一层黄褐色或褐色结痂。咽喉、气管、支气管黏膜也有烂斑或溃疡，小肠、大肠黏膜可见出血性炎症，仔猪心包膜可见弥漫性出血点，当病毒侵入仔猪心肌组织内，致使心肌变性或坏死，心肌切面出现灰白色、浅黄色斑

点或条纹,似老虎身上的斑纹,俗称虎斑心。心肌松软似煮熟状,由于心肌纤维变性、坏死、溶解后释放出有毒物质,致使仔猪发病死亡。

【诊断】 根据特征性的临床症状,结合流行规律和病理变化,一般不难做出诊断,如需要确诊或定型,则必须做实验室检验。其检查的方法有正向间接血凝试验、反向间接血凝试验、酶联免疫吸附试验及琼脂扩散试验等。

【类症鉴别】

(1)与猪传染性水疱病的鉴别 两者均表现为体温升高,口腔、蹄部出现水疱。不同点是:猪传染性水疱病以蹄部皮肤发生水疱较多见,口腔、鼻端、乳房和乳头周围皮肤有时也出现水疱,而舌面水疱则属罕见,不感染牛、羊等偶蹄目动物。传染性水疱病病料接种2日龄乳鼠发病死亡,接种豚鼠、7~9日龄乳鼠和乳兔均无反应,口蹄疫病料接种2日龄乳鼠、豚鼠、7~9日龄乳鼠和乳兔均发病或死亡。口蹄疫血清对传染性水疱病不起保护作用。猪传染性水疱病发病率高,死亡率低,死亡者多为仔猪;口蹄疫发病率高,仔猪死亡率约60%,成年猪死亡率为3%~5%。

(2)与猪水疱性口炎的鉴别 两者均表现为体温升高,口腔、蹄部出现水疱。不同点是:猪水疱性口炎的流行范围小,发病率低,蹄部很少出现或没有水疱,死亡较少见。除牛、猪、羊外,单蹄兽如马、骡也可感染。病料接种2日龄乳鼠发病死亡,接种豚鼠、7~9日龄乳鼠和乳兔均发病或死亡。

(3)与猪水疱性疹的鉴别 两者均表现为体温升高,口腔有水疱。不同点是:水疱性疹多呈地方性流行,水疱性疹病料接种乳鼠、豚鼠或乳兔均不发病,口蹄疫和传染性水疱病血清均不能起到保护作用。水疱性疹仅感染猪,对牛、羊无易感性。

【预防措施】 免疫接种是防控口蹄疫的有效措施,接种口蹄疫灭活苗两周则产生免疫力,一般种猪每隔3个月免疫1次,仔猪40~50日龄首免,100~105日龄时加强免疫1次。

加强饲养管理，保持猪舍清洁卫生，定期大消毒，注意通风、干燥。严格封锁病猪和疫区，发病初期或发病数量较少时坚决扑杀，防止疫情蔓延。

【治疗方法】 目前对本病尚无特效疗法，对贵重的种猪，要精心饲养，加强护理，给予柔软的饲料，必要时可用高免血清、病愈猪血清治疗。同时，采用对症治疗，病猪的口、蹄部先用1%食盐水、2%硼酸溶液、0.1%高锰酸钾溶液洗干净，破溃面涂以5%碘甘油或青霉素、磺胺软膏辅助治疗，严防感染。

33 怎样诊治猪传染性水疱病？

猪传染性水疱病是由水疱病毒引起猪的一种急性传染病。其发病特征是在鼻盘、口腔、蹄部、乳房及皮肤出现水疱，本病的临床症状与口蹄疫极其相似，但不感染牛、羊等偶蹄动物。

【流行特点】 本病一年四季均可发生，自然流行时只感染猪，常常发生于猪高度集中、地面潮湿、调运频繁的地方。本病传播快，发病率高而死亡率低，分散饲养的情况下很少发病。发病猪和康复带毒猪是主要传染源，病猪的粪、尿液及被病毒污染的饲料、饮水、运输工具为传播媒介，可通过消化道、呼吸道、破损的皮肤使易感猪发病。

【临床症状】 自然感染潜伏期2~5天，人工感染潜伏期1.5天。病初少数猪体温升高至40℃以上，发病的典型特征是蹄冠、趾间、蹄叉和蹄底部出现1个或几个绿豆大至蚕豆大的水疱，随后水疱融合，其内充满透明液体，1~2天水疱破裂，形成溃疡面，病猪由于疼痛而表现跛行，严重时蹄壳脱落，卧地不起，食欲减退或废绝。少数病猪的鼻盘、口腔、乳头周围也会出现水疱，这些水疱比蹄部出现迟，病程一般10天左右，可以恢复。轻型的传播慢，全身症状轻微，只有少数猪在蹄部出现1~2个水疱，很快自然康复。隐性型虽不表现出任何临床症状，血清中中和抗体滴度也很高，能产生坚强免疫力，但可排毒，对易感猪危险性大。

【病理变化】 病变主要发生在蹄部、口腔，鼻盘亦有病变，通常比蹄部晚。内脏器官无明显病变，有时仅见淋巴结出血，或偶见心内膜有条纹状出血。

【诊断】 根据流行特点，结合临床症状可做出初步诊断，确诊需靠实验室检验。实验室检验方法有乳鼠接种试验、反向间接血凝试验、补体结合试验及免疫荧光试验等。

【类症鉴别】

（1）与猪口蹄疫的鉴别 两者均表现为体温升高，口、蹄部发生水疱，跛行。不同点是：猪口蹄疫以冬季、春季、秋季多发，牛羊也可感染，取病猪水疱液或水疱皮浸出液接种牛、羊、猪、豚鼠均可导致发病，接种 1～2 日龄乳鼠和 7～9 日龄乳鼠均可使其死亡。猪传染性水疱病病料接种牛、羊、豚鼠、乳兔、7～9 日龄乳鼠均不发病，仅使 1～2 日龄乳鼠发病死亡。将两种病料在 pH 为 3～5 条件下处理后接种 1～2 日龄乳鼠，接种口蹄疫病料的乳鼠健活，接种传染性水疱病病料的乳鼠死亡。

（2）与猪水疱性口炎的鉴别 两者均表现为体温升高，口、蹄部发生水疱，跛行。不同点是：猪水疱性口炎病猪蹄部水疱较少，多发生于夏、秋季节，病料接种牛、羊、猪、豚鼠均可导致发病，接种 1～2 日龄乳鼠和 7～9 日龄乳鼠均可使其死亡。

（3）与猪水疱性疹的鉴别 两者均表现为体温升高，口、蹄部发生水疱。不同点是：猪水疱性疹出现的水疱比较大，如取病猪的水疱液或水疱皮处理后的上清液接种牛、羊、猪、豚鼠、乳兔和 1～2 日龄小鼠，若仅猪发病而其他动物均不发病，则说明是猪水疱性疹。

【预防措施】 国内研制的猪水疱病 BEI 灭活苗，有良好的免疫效果，保护率可达 96%，免疫期 5 个月以上。

加强饲养管理，精心护理病猪，减少应激，增强机体的抵抗力。认真进行检疫，发病后实施隔离、封锁，做好消毒和病猪排泄物的处理，防止病原扩散。

【治疗方法】 除采取保守与对症治疗外，目前尚无特效疗法，对发病猪和受威胁的猪，可以注射水疱病高免血清，控制疫情扩散，减少发病。

34 怎样诊治猪水疱性口炎?

水疱性口炎是由猪水疱性口炎病毒引起的多种动物的一种与口蹄疫、传染性水疱病极其相似的急性、热性传染病，人和野生动物也可感染发病。其发病特征是病猪口腔黏膜、舌、唇、鼻盘、蹄部和乳头发生水疱。

【流行特点】 病猪和患病的野生动物是主要传染源。水疱性口炎在自然条件下马、牛、猪较易感，犬、羊、兔不易患病，实验动物豚鼠、仓鼠、小鼠和鸡都易感，人与病猪接触也易感发病。发病有明显的季节性，以蚊、螨活跃的夏、秋季节多发，一般通过病猪唾液、水疱液散播病毒，经损伤的皮肤和黏膜传播，也可由污染的饲料、饮水经消化道感染，或经昆虫叮咬感染。

【临床症状】 本病的潜伏期一般 3～4 天，病初病猪体温升高至 40～41℃，精神沉郁，食欲减退，流涎。病猪鼻部水疱较多见，蹄部水疱发生于蹄叉，少见于蹄冠，内含黄色透明的液体，水疱破溃后形成糜烂和溃疡，此时若继发细菌感染，可导致蹄壳脱落，病猪站立不稳，出现跛行。若无继发感染，7～10 天可以康复。

【病理变化】 口腔黏膜和蹄部水疱具有一定的特征性病变，病变部有局部坏死，病变周围细胞变性、水肿，也有的皮下组织充血，真皮层含有大量多形核白细胞浸润。

【诊断】 根据本病的发生季节和对各种动物的易感性，发病率和死亡率低的特征，结合临床症状可做出初步诊断，确诊需靠实验室病毒分离鉴定、血清学检验和动物试验。

【类症鉴别】

（1）与口蹄疫的鉴别 两者均表现为体温升高，口、蹄部有水疱，跛行等症状。不同点是：口蹄疫多发生于冬、春寒冷季

节，传播速度快，取病料接种 2～9 日龄乳鼠、乳兔均发病，接种马不发病，注射口蹄疫血清能得到保护。水疱性口炎病料接种马则发病。

（2）与猪传染性水疱病的鉴别 两者均表现为体温升高，口、蹄部发生水疱。不同点是：猪传染性水疱病一年四季均在猪只密集的地方发病，虽然口、鼻部易发生水疱，但舌面很少发生水疱，取病料接种豚鼠、乳兔和 7～9 日龄乳鼠均不发病，水疱性口炎病料接种 2～9 日龄乳鼠则发病死亡，病料接种豚鼠、乳兔均可感染发病。

（3）与猪水疱性疹的鉴别 两者均表现为体温升高，口、蹄部发生水疱。不同点是：猪水疱性疹出现的水疱比较大，取病猪的水疱液或水疱皮处理后的上清液接种牛、羊、猪、豚鼠、乳兔和 2～9 日龄小鼠，若仅猪发病而其他动物均不发病，则说明是猪水疱性疹。

【预防措施】 目前尚无可靠疫苗用于预防，在疫区可采用病猪组织和血液制备的结晶紫甘油或鸡胚结晶紫甘油疫苗进行免疫接种。康复猪能够产生坚强的免疫力，并能抵抗同型病毒的感染。

加强饲养管理，发现病畜及时确诊，尽快隔离，污染场地彻底消毒。

【治疗方法】 目前尚无特效疗法，必要时进行对症治疗。患处用清水、食醋或 0.1% 高锰酸钾溶液冲洗，并涂以甘油或撒布冰硼散，同时应用抗菌药物以防继发感染。

35）怎样诊治猪水疱性疹？

猪水疱性疹是由猪水疱性疹病毒引起猪的一种急性、热性传染病。其发病特征为口腔黏膜和蹄部皮肤发生水疱，破溃后形成溃疡，很快痊愈，死亡率低。

【流行特点】 猪水疱性疹发病无明显季节性，病猪和带毒猪是主要传染源，饲喂被污染的饲料和泔水可造成本病传播，发病率与饲养管理条件关系密切，饲养管理条件好的猪群发病率为10%，饲养管理条件不好的猪群发病率可达100%，自然感染时仅发生于猪。

【临床症状】　潜伏期 1 ~ 7 天，病初体温升高至 40.5 ~ 41.5℃。病猪精神沉郁，食欲减退，随后鼻盘、唇、鼻腔、趾间、蹄部、母猪乳头出现灰白色水疱和鲜红色的溃疡面，严重者蹄壳脱落、疼痛，不能行走，如无继发感染，多在 1 周内康复。也可见到妊娠猪流产，少数哺乳仔猪死亡。预后良好，死亡率低，一般不超过 5%。

【病理变化】　主要病变为原发性或继发性水疱，特别是口腔黏膜、蹄部的水疱更具特征性。病变部位局部坏死，病变周围细胞变性、水肿，皮下组织充血，真皮组织有大量多核型白细胞浸润。

【诊断】　依据病猪发热、形成水疱、跛行和厌食等症状和病理变化可做出初步诊断。确诊需实验室进行病毒分离、血清检验和动物试验。

【类症鉴别】

（1）与猪口蹄疫的鉴别　两者均表现为体温升高，口部、鼻部、蹄部出现水疱，跛行等症状。不同点是：猪口蹄疫多发生于秋、冬、春寒冷季节，剖检可见虎斑心，口蹄疫病料接种豚鼠、乳兔及 2 日龄和 7 ~ 9 日龄乳鼠均发病。水疱性疹病料接种时均不发病。

（2）与猪传染性水疱病的鉴别　两者均表现为体温升高，口部、鼻部、蹄部出现水疱，跛行等症状。不同点是：猪传染性水疱病多发生于猪只密集的地方，农村分散饲养时很少发病流行，传染性水疱病病料接种豚鼠、乳兔以及 2 日龄和 7 ~ 9 日龄乳鼠时，仅 2 日龄乳鼠发病死亡，其他动物均不发病，而水疱性疹病料接种时都不发病。

（3）与猪水疱性口炎的鉴别　两者均表现为体温升高，口腔出现水疱等症状。不同点是：猪水疱性口炎的口腔水疱比较严

重，蹄部水疱较少，病料接种2日龄和7~9日龄乳鼠以及乳兔、豚鼠均感染发病。

【预防措施】　本病目前尚无可使用的疫苗，但康复猪对同型病毒有坚强免疫力，可抵抗同型病毒的再次感染。可从发病地区分离病毒制备灭活苗用于预防接种。

加强饲养管理，发病后立即隔离、封锁，严加消毒。残羹、泔水饲喂前必须煮熟。

【治疗方法】　病猪口腔可用清水、食醋或0.1%高锰酸钾溶液冲洗，涂以碘甘油或撒布冰硼散。蹄部用来苏儿溶液洗涤，涂擦鱼石脂软膏。乳房用肥皂水清洗，涂擦氧化锌、鱼肝油软膏，必要时注射抗菌药物以防继发感染。有条件的猪场可用病猪血分离血清用于治疗。

36 怎样诊治猪流行性感冒（猪流感）?

猪流行性感冒（猪流感）是由流感病毒引起猪的一种急性、高度接触性呼吸道传染病，如果与猪副嗜血杆菌或巴氏杆菌混合感染可使病情加重。流感病毒可以在猪和人之间相互传播，猪型流感在历史上曾多次引起人类流感的暴发。

【流行特点】　常能分离到的猪流感病毒亚型为H1N1和H3N2，这两种猪源病毒亚型均可感染人，属于A型流感病毒。各种品种、年龄、性别的猪对流感病毒都有易感性，其发病特征为发病急、传播快、发病率高，死亡率低。流行具有明显季节性，一般多发生于气候易变的秋末、早春和寒冷的冬季，炎热的夏季很少发生，呈地方性流行。通过病猪、带毒猪的呼吸道分泌物传播给易感猪群或人。

【临床症状】　本病潜伏期短，为几小时至几天，发病突然，往往在第一头病猪出现后的24小时内，同一猪场中大部分猪已被感染。病初病猪体温升高至40~42℃，精神极度萎靡，食欲减退或废绝。呼吸急促，咳嗽，打喷嚏，鼻腔流出浆液性或浓性鼻液。眼结膜潮红，流眼泪，卧地不起，难以移动，驱赶时病猪表现疼痛。病程 5～7 天，若无并发症，3～4 天可自行康复。妊娠猪后期可能流产，但及少发生死亡，个别转为慢性的持续性咳嗽、消化不良、消瘦，若并发肺炎则引起死亡。

【病理变化】 病猪呼吸道病变最为明显，鼻、咽、喉、气管、支气管黏膜充血、出血，表面有大量泡沫样黏液，有时混有血丝，胸腔、心包蓄积大量混有纤维素的浆液，肺脏可见气肿，有时水肿，呈现紫红色，病区肺膨胀不全、塌陷，其周围肺组织呈气肿和苍白色，界限分明。胃黏膜尤其是胃大弯部充血，脾脏轻度肿大。颈淋巴结和纵膈淋巴结肿大、充血、水肿。最近 H1N1 变异株产生的肉眼病变更加明显，支气管上皮严重坏死，肺泡有渗出物及嗜中性粒细胞浸润。

【诊断】 根据流行特点、临床症状和病理变化综合分析后，可做出初步判断，进一步确诊需实验室检验。实验室检验常采集病猪细支气管渗出物或仔猪咽喉部黏液，进行病毒分离或血清学检查。

【类症鉴别】

（1）与猪支原体肺炎的鉴别 两者均表现为体温升高、气喘、咳嗽、流鼻液等症状。不同点是：猪支原体肺炎的症状为反复干咳、气喘，一般不打喷嚏，不出现疼痛，病程缓慢且比较长。剖检肺部可见特征性的融合性支气管肺炎，尖叶、心叶、中间叶和膈叶前缘呈现"肉样"或"虾肉样"实变。

（2）与猪肺疫的鉴别 两者均表现为体温升高，呼吸急促、咳嗽、鼻流黏液。不同点是：猪肺疫发病急，病猪咽喉部肿胀，呼吸困难、流涎，呈犬坐姿势。剖检皮下有大量胶冻样浅黄色或灰青色纤维素性浆液，肺部可见纤维素性炎症，切面呈大理石样外观，有时胸膜与肺粘连。

（3）与猪大叶性肺炎的鉴别 两者均表现为体温升高、腹式呼吸、流鼻液等症状。不同点是：猪大叶性肺炎无传染性，病猪流铁锈色或红色鼻液，剖检肺部呈现暗红色或紫红色。

【预防措施】 目前国内尚无猪流行性感冒疫苗。如果发病猪群在一个季节内没有重复发病，说明康复猪获得了一定的免

疫力。

加强饲养管理，特别是在阴雨潮湿、气候多变时，应保持圈舍清洁卫生、通风干燥、温暖安静，注意消毒，勤换垫料，给足清洁饮水，消除各种应激因素。

【**治疗方法**】　目前尚无特效疗法，发病时可采取对症治疗，如在饮水中加入止咳化痰剂、清热解毒药或使用抗菌药物，对减轻症状、控制并发症和继发感染有一定效果。

37 怎样诊治猪传染性胃肠炎？

猪传染性胃肠炎是由冠状病毒引起猪的一种急性、高度接触性肠道传染病。其发病特征为呕吐、腹泻、脱水，2周龄以内仔猪死亡率高，成年猪几乎没有死亡。

【**流行特点**】　本病的发生具有明显的季节性，以深秋、冬季、早春（每年11月份至翌年3月份）气候寒冷时多发，病猪和带毒猪是主要传染源，康复猪可长期带毒，随粪便、鼻液将病毒排至外界环境中，污染饲料、饮水、空气，再通过消化道和呼吸道使易感猪发病。虽然不同品种、年龄、性别的猪都有易感性，但以10日龄以内的仔猪发病率和死亡率最高，随着日龄的增大，死亡率逐渐降低，育成猪、育肥猪、母猪虽然也可感染发病，但所表现的症状极其轻微。其他动物及实验动物均无易感性。

【**临床症状**】　本病潜伏期很短，一般12～24小时。仔猪突然发病，先是呕吐，继而发生频繁的水样腹泻，粪便呈黄、绿或灰白色，其中含有未消化的凝乳块并带有恶臭。病初病猪体温升高，腹泻后体温下降。口渴、明显脱水，体重减轻，很快消瘦，康复猪生长发育不良成为僵猪。育成猪、育肥猪、母猪症状轻微，只表现减食、腹泻，有时呕吐，大约1周左右康复，很少引起死亡。

【**病理变化**】　尸体明显脱水，肛门周围有黄绿色粪便污染，可视黏膜发绀。胃和肠道具有特征性的病理变化，如胃内充满凝乳块（见彩图2-8），胃底黏膜充血，有黏液覆盖，并有小点状或斑点状出血。肠内充满黄绿色或黄白色液体，肠壁菲薄，缺乏弹性，肠管扩张呈半透明状（见彩图2-9）。脾脏、淋巴结肿大，肾脏包膜下出血，膀胱黏膜有出血点，心肌变软，冠状沟有点状出血。

【诊断】 根据发病季节以及传播快、发病率高等流行特点，结合典型的临床症状和病理变化特点，一般可以做出诊断，但确诊需靠实验室检验。目前国内常用的实验室检验方法有乳鼠接种试验、血清中和试验、免疫荧光抗体试验等。

【类症鉴别】

（1）**与猪流行性腹泻的鉴别** 两者在临床症状上均表现出呕吐、腹泻症状。不同点是：猪流行性腹泻常发生于寒冷的冬春季节，在猪群中传播速度慢，病初体温升高，当出现腹泻症状后，体温恢复正常。哺乳仔猪，尤其是7日龄左右的仔猪，感染后往往因脱水、排黄色或浅绿色粪便，病死率很高；青年猪虽然发病率很高，但经几天后多能自愈，病死率很低；成年猪多呈亚临床感染，症状很轻。病死猪剖检，胃内空虚且充满黄染胆汁的液体。而患病仔猪腹泻时排出的粪便呈现灰白色或绿色，常夹有未消化的凝乳块和泡沫，病死猪剖检可见胃内充满凝乳块，小肠充血，含有黄绿色或灰白色液状物，肠壁薄，呈半透明状。

（2）**与猪轮状病毒病的鉴别** 两者均表现为呕吐、腹泻。不同点是：轮状病毒病主要发生于8周龄以内的仔猪，其症状没有胃肠炎严重，发病率高，病死率低。

（3）**与仔猪黄痢的鉴别** 两者均有腹泻、脱水症状。不同点是：仔猪黄痢仅发生于7日龄以内的仔猪，病猪排黄色粪便，很少出现呕吐，从粪便中可分离到大肠杆菌，用抗菌药物和磺胺类药物治疗有效。而猪传染性胃肠炎可发生于任何日龄的猪，发病后常发生呕吐、腹泻，排出的几乎全是水样便，剖检肠壁变薄，小肠绒毛缩短。仔猪黄痢在产仔季节多发，除7日龄以内的仔猪外其他年龄的猪均不发病，而猪传染性胃肠炎常见于寒冷季节，

各种年龄的猪均可发病。

（4）与仔猪白痢的鉴别 两者均表现出腹泻、脱水症状。不同点是：白痢仅发生于7～30日龄的仔猪，7日龄以内和30日龄以后很少发病，病猪排出白色、灰白色乃至黄色具有腥臭味的粪便；而猪传染性胃肠炎可发生于任何日龄的猪，发病后常发生呕吐、腹泻，排出的几乎全是水样便。仔猪白痢发病率中等，季节性不明显；猪传染性胃肠炎发病率高，季节性明显。

（5）与仔猪红痢的鉴别 两者均表现出腹泻、脱水、消瘦等症状。不同点是：仔猪红痢一般发生于7日龄以内的仔猪，病猪不见呕吐，粪便多呈红褐色，剖检可见小肠出血、坏死，内容物呈红色，往往来不及治疗就引起死亡，发病率不定，病死率高，仔猪红痢发病猪有日龄界限；猪传染性胃肠炎发病猪无日龄界限，发病率高，仔猪死亡率高，大猪很少死亡。

（6）与仔猪副伤寒的鉴别 两者均表现出腹泻、脱水症状。不同点是：仔猪副伤寒多发生于断奶后1～4月龄的仔猪，败血型病猪表现体温升高、呼吸困难，耳根、后躯、腹下部皮肤有紫红色斑点。肠炎型病猪初便秘后腹泻，粪便中混有血液和伪膜。剖检可见大肠有弥散性纤维素性坏死性肠炎，盲肠、结肠黏膜呈局灶性或弥漫性增厚，被覆有灰黄色干酪样伪膜（俗称糠麸样病变），肝脏、脾脏有小坏死灶。仔猪副伤寒发病猪有日龄界限，无明显季节性，抗菌药物治疗有效果；猪传染性胃肠炎发病猪无日龄界限，季节性明显，抗菌药物治疗无效。

（7）与猪痢疾的鉴别 猪痢疾以2～4月龄的猪多发，病初体温略高，而后恢复正常。粪便混有多量黏液及血液，常呈胶冻状，病变主要在大肠，为出血性肠炎，有纤维素性渗出和黏膜表层坏死。早期使用抗菌药物治疗有效，季节性不明显，传播缓慢，流行期长，发病率高，病死率低。猪传染性胃肠炎传播迅速，发病率和死亡率均高，季节性明显，病变集中在小肠，抗菌药物治疗无效。

【预防措施】　国外常口服弱毒苗进行免疫预防，在母猪分娩前5周和3周各服1次。国内对妊娠猪采用传染性胃肠炎弱毒苗肌内注射，使哺乳仔猪通过母乳获得被动免疫。无疫苗时可将病猪内脏磨成糊状或用病猪粪便、肠内容物20~30克混于饲料中，给分娩前15天的母猪内服，耐过的母猪将特异性抗体通过初乳传给初生仔猪后，也可获得一定的免疫效果。

加强饲养管理，坚持自繁自养，房舍（尤其是产房和保育舍）温度要适宜，搞好卫生消毒工作。

【治疗方法】　目前尚无特效疗法，发病时肌内注射传染性胃肠炎高免血清或康复猪的抗血清，同时，采取补液、收敛、止泻、防止酸中毒等对症疗法，使用抗菌药物以防继发感染。

38 怎样诊治猪流行性腹泻?

猪流行性腹泻是由冠状病毒引起仔猪、育肥猪的一种急性、高度接触性肠道传染病。其发病特征为呕吐、腹泻、脱水，日龄越小症状越重，致死率越高。

【流行特点】　本病的发生常有一定季节性，一般在冬、春寒冷季节广泛流行。病猪、病愈猪是主要传染源。通过消化道传播，使易感猪感染发病。各种年龄的猪均可感染发病，仔猪、育成猪、育肥猪发病率高达100%。

【临床症状】　病猪精神沉郁，食欲减退或废绝，体温正常，呕吐，水样腹泻，脱水，消瘦，尤其吃不含母源抗体初乳的哺乳仔猪，发病时呕吐、水泻更加严重，粪便呈灰黄色、灰色、浅绿色，哺乳后期仔猪、青年猪发病率虽然很高，但经2~3天能够自愈或仅表现委顿、厌食、腹泻，病死率低，而成年猪仅见厌食、呕吐，症状极其轻微。

【病理变化】　病变主要局限在小肠，小肠胀满，充满黄色液体，肠壁变薄（见彩图2-10），肠系膜充血，淋巴结水肿，胃内空虚，可见充满黄染的胆汁，镜检小肠绒毛萎缩，其绒毛与肠腺的比率从正常的7:1下降至3:1。

二

猪病毒病的诊治

【诊断】　根据无母源抗体仔猪和保育仔猪发病率高，且呈现呕吐、水样腹泻症状，成年猪仅出现亚临床感染和发病症状轻的特点可做出初步诊断，确诊需靠实验室检验，其检验方法有免疫荧光试验、乳猪接种试验、酶联免疫吸附试验等。

【类症鉴别】

（1）与猪传染性胃肠炎的鉴别　两者均有呕吐、腹泻、脱水等症状。不同点是：猪传染性胃肠炎，病仔猪的粪便呈浅黄、绿色或灰白色，夹有未消化的凝乳块和泡沫，具有腥臭味，剖检可见胃内充满凝乳块，小肠充血，含有灰白色液状物，死亡率很高。而猪流行性腹泻病仔猪的粪便呈黄色、浅绿色，肠腔内充满黄色液体，胃内空虚，有的充满黄色胆汁样液体。

（2）与猪轮状病毒的鉴别　两者均有呕吐、腹泻症状。不同点是：猪轮状病毒主要发生于 8 周龄以内的小猪，虽有呕吐，但没有猪流行性腹泻严重，病死率相对较低，不见胃底出血。

（3）与仔猪黄痢的鉴别　两者均有腹泻、脱水症状。不同点是：仔猪黄痢仅发生于 7 日龄以内的仔猪，病猪排黄色粪便，很少出现呕吐，可从粪便中分离出大肠杆菌，用抗菌药物和磺胺类药物治疗有效。而猪流行性腹泻可发生于任何日龄的猪，常发生呕吐，排出的几乎全是水样便，剖检肠壁变薄，小肠绒毛缩短。

（4）与仔猪白痢的鉴别　两者均有腹泻、脱水症状。不同点是：白痢多发生于 10～30 日龄的仔猪，病猪排白色粪便，很少出现呕吐，用抗菌药物和磺胺类药物治疗有效。而猪流行性腹泻可发生于任何日龄的猪，只是日龄越小发病越严重，常发生呕吐，排出的几乎全是水样便，抗菌药物和磺胺类药物治疗无效。

【预防措施】　国内生产的猪流行性腹泻氢氧化铝灭活疫苗，在母猪产前30天经后海穴（尾根与肛门的凹陷处）接种，或弱毒苗于母猪产前5周和2周各用1次，可使新生仔猪获得被动免疫。

加强饲养管理，猪舍保持温暖、干燥，提供清洁饮水，一旦发病立即隔离，加强消毒工作。

【治疗方法】 通常采用对症治疗，以减少死亡率。病猪每天口服盐溶液，投服止泻剂（如药用碳、碱式硝酸铋等），必要时注射抗菌药物，如庆大霉素、诺氟沙星、环丙沙星或恩诺沙星，以防细菌继发感染。注射或口服碳酸氢钠以防酸中毒。

39 怎样诊治猪轮状病毒病?

猪轮状病毒病是由轮状病毒引起猪的一种急性肠道传染病，其发病特征为仔猪多发，表现厌食、呕吐、下痢，育肥猪、成猪呈隐性感染，不表现临床症状。

【流行特点】 本病在冬季和早春多发，各种日龄的猪均可发生，但以8周龄以下仔猪多发，日龄越小发病率越高。受污染的饲料、饮水、垫料和土壤为传播媒介，通过消化道使易感猪发病，病猪、隐性感染带毒猪是主要传染源。

【临床症状】 病初精神沉郁、食欲不振、不愿走动、呕吐，随后迅速发生腹泻，粪便呈水样或糊状，呈黄白色、灰色、黑色，有时混有血液、黏液，多在3～7日龄因严重脱水而死亡。本病常呈地方流行，潜伏期12～24小时。日龄越小，环境卫生条件差，免疫状态低下，缺乏母源抗体保护的仔猪发病越严重。环境温度低下，继发大肠杆菌病时，常使病情加重，病死率升高。

【病理变化】 胃内充满凝乳块。肠壁菲薄，呈半透明状，肠内容物呈灰黄色或灰黑色水样或浆液性，空肠和回肠绒毛缩短变平，一般肉眼就可以看出，如用放大镜或用解剖显微镜，则看得更清楚。

【诊断】 根据本病多发于寒冷季节、侵害仔猪、突然发生黄白色水样腹泻、发病率高、死亡率低、主要病变发生在消化道的特点，可做出初步诊断，确诊需靠实验室检验。

【类症鉴别】

（1）与猪传染性胃肠炎的鉴别 两者均多发于冬季，各种日龄猪均可感染，临床表现为精神不振、腹泻、脱水。不同点是：猪传染性胃肠炎各种日龄的猪均发生呕吐、腹泻，初生仔猪死亡

率100%，成年猪很少死亡。

（2）与猪流行性腹泻的鉴别　两者均多发于冬春季节，临床上以精神不振、腹泻、消瘦为特征。不同点是：猪流行性腹泻只感染猪，剖检胃内有黄白色凝乳块，而猪轮状病毒病除猪外还可感染各种动物。

（3）与仔猪黄痢的鉴别　两者均表现为精神不振，排黄色稀便，病死率高，以7日龄以内的仔猪多发。不同点是：仔猪黄痢病猪不发生呕吐，7日龄以上的猪不发病，药物治疗有效。

（4）与仔猪白痢的鉴别　两者均表现为精神不振、腹泻、脱水。不同点是：仔猪白痢发生于10～30日龄仔猪，病猪排白色粪便有臭味，药物治疗有效。

（5）与仔猪红痢的鉴别　两者均表现为精神不振、腹泻、脱水。不同点是：仔猪红痢多发生于1～3日龄的仔猪，病猪粪便呈红褐色，内含灰白色组织碎片。

（6）与猪伪狂犬的鉴别　两者均表现为呕吐、腹泻、脱水，病死率高。不同点是：猪伪狂犬病病猪口流泡沫，具有神经症状，妊娠猪还可能出现流产。

【预防措施】　通过母猪自然感染或口服人工感染本病毒后，初乳和乳汁中含有不同滴度的保护性抗体，故仔猪哺乳后可获得不同程度的免疫保护。

加强饲养管理，保持圈舍清洁卫生，经常对猪舍和用具进行消毒，发现病猪立即隔离。

【治疗方法】　本病无特效治疗药物，发病时立即停止哺乳，对病猪进行对症治疗，如投服收敛止泻药，使用抗生素、磺胺类药物或奎诺酮类药物以防继发感染，静脉注射5%糖盐水200～400毫升以防脱水，静脉注射5%碳酸氢钠注射液10毫升防止酸中毒等。

40　怎样诊治猪伪狂犬病？

猪伪狂犬病是由伪狂犬病毒引起猪的一种急性传染病，临床表现为妊娠猪流产、产死胎，多发于妊娠 20～90 天的母猪；初生仔猪体温升高、呕吐、腹泻，并具有明显的神经症状，死亡率高。

【流行特点】 各种年龄的猪均可感染，发病无季节性，但以冬春季节和产仔旺盛季节多发，尤其在分娩高峰的母猪舍首先发生，几乎每窝仔猪均发病，窝发病率高达 100%，分娩高峰期后，发病率降低。主要是 15 日龄以内的仔猪发病，最早 4 日龄，发病率几乎达 100%，随着日龄的增长，发病率和死亡率逐渐下降。成年猪多呈隐性感染。病猪、带毒猪（可持续排毒 1 年）和带毒鼠是主要传染源，病毒可通过妊娠猪的胎盘垂直感染胎儿，感染猪的鼻分泌物、唾液、精液、尿液间均可散播病毒。

【临床症状】 妊娠猪主要表现为流产，产死胎、弱胎、木乃伊胎，各阶段妊娠猪均可发生流产，但主要集中于妊娠 20～30 天和 70～90 天两个阶段，流产比例为 5%～8%。妊娠 20～30 天流产时，流产前多数母猪体温不高；妊娠 70～90 天流产时，流产前母猪体温短暂升高，采食量明显下降或拒绝采食。

哺乳仔猪表现为哺乳无力，呕吐，腹泻，痉挛，1～2 天死亡。带毒母猪生出的仔猪，出生后第二天表现眼发红、闭目，体温升高，精神沉郁，口吐白沫，腹泻，肌肉震颤，后腿发紫、站立不稳，步态蹒跚，头颈歪向一侧做圆周运动或后退，四肢麻痹，头向后仰，角弓反张，肌肉痉挛，鼻端触地，四肢划动呈游泳状，体温下降后死亡，15 日龄以内的仔猪，发病死亡率可达 50%～100%。

断奶猪表现为体温升高，咳嗽，打喷嚏，呼吸困难，排黄色稀水样粪便，耳尖发紫，呈犬坐姿势，有神经症状，死亡率 10%～20%。成年猪表现为咳嗽，打喷嚏，呼吸困难，少数病猪体温升高，食欲减退，若无继发感染，6～7 天后可恢复正常。

【病理变化】 心包液增多，心内膜有出血斑点。肺水肿，伴有出血点及小叶肺炎。淋巴结水肿、充血。胃底大面积出血（见彩图 2-11），大肠斑块状出血。神经症状明显的病猪脑膜充血、

脑脊液增多（见彩图 2-12）。脾脏、肝脏（见彩图 2-13）、肾脏有灰白色坏死灶（见彩图 2-14），咽炎、喉头水肿、喉黏膜和浆膜的点状或斑状出血。软腭扁桃体凝固性坏死（见彩图 2-15）。流产死胎呈红色，胸腔、腹腔有红色积液。

【诊断】　根据流行特点和发病猪的特征性临床症状可做出初步诊断，确诊需靠实验室检验，其检查方法有琼脂扩散试验、免疫荧光抗体试验、乳胶凝集试验、病毒中和试验、聚合酶链反应试验以及动物试验等。

【类症鉴别】

（1）与猪传染性脑脊髓炎的鉴别　两者均表现出体温升高，有神经症状。不同点是：猪传染性脑脊髓炎病猪不发生流产，脑、脾组织悬液人工接种家兔不发生奇痒症状。

（2）与猪李氏杆菌病的鉴别　两者均表现出体温升高，有神经症状。不同点是：取病猪的脑、脾组织悬液人工接种小白鼠或家兔，如果在接种部位无伤或无抓伤痕迹、无奇痒，则认为是李氏杆菌病。

（3）与猪瘟的鉴别　两者均表现出体温升高，有神经症状。不同点是：所有日龄的猪，猪瘟发病率和死亡率都很高，仔猪发病时还出现神经症状，病程稍长的死亡病猪，其内脏可看到典型的猪瘟病变。而伪狂犬则仅于哺乳仔猪和断奶后的小猪引起大批死亡，育成猪、成年猪常为隐性感染。如给家兔或猫接种病猪血清或脑组织混悬液，当出现奇痒或抓伤时则认为是伪狂犬病，否则为猪瘟。

【预防措施】　未发病猪场采用伪狂犬灭活苗免疫，种公猪、生产母猪每 6 个月免疫 1 次。仔猪 25 日龄免疫 1 次，后备种猪 3 月龄加强免疫 1 次，成年猪肌内注射 5 毫升，仔猪肌内注射 2 毫升。发病猪场采用伪狂犬弱毒苗免疫，种公猪、生产母猪（包括妊娠期）每 4 个月免疫 1 次。仔猪 3 日龄进行滴鼻免疫，50、100 日龄分别注射免疫 1 次。

加强饲养管理，发现病猪立即隔离，淘汰带毒种公猪，圈舍要彻底消毒。

【治疗方法】 4周龄以下未感染仔猪，皮下或肌肉注射伪狂犬高免血清10~20毫升，保护期10~14天，保护率80%~90%，但对已感染仔猪的保护率只有50%~70%，对已出现神经症状的仔猪无保护能力，疫情严重地区间隔4~6天可重复注射高免血清1次。

感染发病的中大猪，可用七清败毒颗粒配合多维饮水3天，而后紧急接种弱毒疫苗，每头猪接种3~4头份，3~5天恢复。

41 怎样诊治猪细小病毒病?

猪细小病毒病是由细小病毒侵袭母猪胎盘和胎儿，导致胎儿死亡，而母猪本身不表现任何临床症状的一种繁殖障碍性疫病。发病特征为感染母猪，特别是初产母猪往往产出木乃伊胎、畸形胎、死胎和病弱仔猪，妊娠猪流产后，母猪本身一切正常。

【流行特点】 细小病毒引起母猪繁殖障碍，常呈散发性或地方性流行，初产母猪多发，夏季容易发病，既可通过交配、污染物或鼠类水平传播，又可通过母体垂直传播。病毒在污染圈内可以存活4~5个月。

【临床症状】 妊娠早期（30~50天）感染，引起胎儿吸收，母猪表现反复发情不孕；妊娠中期（50~60天）感染可引起死胎、木乃伊胎、畸形胎；妊娠70天感染可出现流产和产死胎。妊娠后期（70天以后）感染大多能正常生产，但产出的仔猪瘦小，不能存活，即使存活下来也会终身带毒。弱仔出生后30分钟左右，先在耳尖、颈、胸、腹下、四肢上端内侧出现瘀血和出血斑，随后逐渐变为紫红色并死亡。感染母猪除引起流产、产死胎外，不表现明显的临床症状。

【病理变化】 死亡仔猪和产出的弱仔皮下充血、出血、水肿，胸腔有浅红色或浅黄色渗出液，肝脏、脾脏和肾脏肿大、发暗、脆弱，有时萎缩。胎儿在子宫内被溶解和吸收。

二 猪病毒病的诊治

43

【诊断】 根据流行特点和临床症状，结合猪场在同一时期有较多母猪发生流产或产死胎、木乃伊胎、畸形胎，而母猪本身无任何临床症状时即可做出初步确诊，确诊需靠实验室检验，其检验方法有血凝抑制试验、中和试验、免疫荧光试验和乳胶凝集试验。

【类症鉴别】

（1）**与猪伪狂犬病的鉴别** 两者均表现出流产、产死胎或木乃伊胎等繁殖障碍症状。不同点是：猪伪狂犬发病母猪所产出的仔猪，虽然膘情尚好，但 2 天后就表现体温升高、嗜睡、口吐白沫、站立不稳、四肢呈游泳状，最后倒地死亡。如果发生在产后 20 天，则病猪表现精神不振，眼睑充血肿胀，呼吸困难，出现特征性的神经症状，最后四肢麻痹衰竭而死。而猪细小病毒病发病母猪除繁殖障碍外，无明显临床症状，感染早期出现木乃伊胎，感染中期出现死胎，感染晚期产出弱仔。

（2）**与猪繁殖与呼吸综合征的鉴别** 两者均表现出流产和产死胎、木乃伊胎等繁殖障碍症状。不同点是：猪繁殖与呼吸综合征患病母猪体温升高，厌食，嗜睡，早产（提前 1 周），也有少数病猪出现耳、尾部、外阴、腹部发绀。而猪细小病毒病发病母猪除繁殖障碍外，无明显其他临床症状。

（3）**与猪流行性乙型脑炎的鉴别** 两者均表现出流产和产死胎、木乃伊胎等繁殖障碍症状。不同点是：猪流行性乙型脑炎病猪体温升高，发病高峰期是在蚊、蝇滋生比较多的 8～9 月份，仔猪抽搐，震颤，公猪常发生一侧睾丸炎，触摸有热痛。而细小病毒病病猪，除发病母猪出现繁殖障碍外，无其他明显临床症状，公猪也不表现睾丸炎。

（4）**与猪衣原体病的鉴别** 两者均表现出流产和产死胎、木乃伊胎等繁殖障碍症状。不同点是：猪衣原体病发生于各个日龄的猪，还可发生肺炎、肠炎、多发性关节炎、脑炎以及心包炎，公猪发生睾丸炎、尿道炎。

【预防措施】 后备公猪、母猪于 5 月龄以后、配种前 3 周首免，间隔 14 天第 2 次免疫。母猪分娩后或配种前 3 周免疫，妊娠猪一般不做免疫。种公猪每隔 6 个月于耳根后肌内注射 2 毫升，免疫期 6 个月。常用的疫苗为细小病毒油乳剂灭活苗，疫区和非疫区均可使用，免疫期 6 个月。弱毒苗适用于污染猪场。

加强饲养管理，坚持自繁自养，不从疫区引猪，必须引进时一定要检疫。严格执行免疫程序，不间断免疫，淘汰阳性种公猪，严格消毒净化猪群。

【治疗方法】 本病尚无可靠治疗方法，实际生产中应注意免疫预防，发病后注意控制继发感染。

42 怎样诊治猪繁殖与呼吸综合征?

猪繁殖与呼吸综合征又称猪蓝耳病，是猪群发生以繁殖障碍和呼吸系统症状为特征的一种急性、高度传染的病毒性传染病。病毒可在肺泡巨噬细胞内增殖，破坏肺泡巨噬细胞从而导致免疫抑制，因此，猪繁殖与呼吸综合征又是一种免疫抑制性疫病。

【流行特点】 本病毒 1991 年首次报道于加拿大，2001 年在我国开始流行，目前猪场猪群的感染率很高。新猪场往往呈暴发流行，而老猪场往往零星发生，在无继发感染或圈舍卫生良好的情况下，可能不表现症状，但在有应激因素或与其他病混合感染时症状表现比较明显。阳性猪症状消失后，可持续排毒 8 ~ 10 周。本病可通过媒介物如空气、饲料、饮水传播，也可通过直接接触如交配、混养传播，或通过胎盘感染胎儿。检测病猪所产胎儿的抗体时，有时呈现阳性，有时呈现阴性。

【临床症状】 初产母猪发热，精神沉郁，经产母猪尤其是妊娠猪表现为厌食、产弱仔增多、呼吸困难。流产母猪妊娠期在100 天以上，往往出现死胎和木乃伊胎。病猪有时呕吐，腹部、耳郭发紫（见彩图 2-16），大量母猪流产、早产、产后无乳。新生仔猪呈现八字腿，有的仔猪出生时外表正常，但不久即呼吸困难，出生后 24 小时内死亡。哺乳仔猪突然发热。呼吸加快，腹泻，排胶冻样粪便，仔猪断奶前死亡率高，多数由于继发感染而死。保育猪发热，被毛粗乱，食欲减退，皮肤苍白，腹泻，渐进

性消瘦，出现发育障碍，并且流鼻涕、咳嗽、呼吸困难，呈现肺炎症状，淋巴结肿大。

【病理变化】 病猪皮肤色浅，皮下脂肪黄染，育成猪眼睑水肿，仔猪皮下水肿，胸腔积水，心肌变软，心内膜出血，心耳出血、坏死。喉、气管蓄积大量泡沫状渗出物（见彩图2-17和彩图2-18），肺脏炎性水肿、肉变并充满大量泡沫（见彩图2-19）。肝脏肿大，有灰白色坏死灶，肾脏表面有针尖大出血点，胃出血、水肿。部分猪全身淋巴结肿胀，如腹股沟、肠系膜、下颌淋巴结可肿大2.5~10倍，切面湿润，有时充血、出血。死亡胎儿皮肤呈棕色，皮下水肿，心包、腹腔有浅黄色积液。

【诊断】 根据母猪流产、产死胎和木乃伊胎，新生仔猪大量死亡，肥育猪仅出现肺炎或不表现临床症状，加之病猪耳朵、四肢末端、尾部等处呈现紫蓝色可做出初步诊断，对急性猪繁殖与呼吸综合征有以下3项指标可供参考：①流产或早产超过8%；②死胎率超过20%；③仔猪出生后第一周死亡率超过25%。如两周内有两项指标符合，且临床诊断成立，即可初步诊断为暴发猪繁殖与呼吸综合征。确诊要靠实验室检验，其检验方法有酶联免疫吸附试验、病毒分离鉴定、免疫荧光试验、病毒中和试验、聚合酶链反应扩增试验等。

【类症鉴别】

（1） 与猪细小病毒病的鉴别 两者均表现出不孕、流产、产死胎和木乃伊胎等繁殖障碍症状。不同点是：猪细小病毒病多发生于初产母猪，一般体温不高，能吃能喝，不表现任何临床症状。而猪繁殖与呼吸综合征以妊娠猪发热、厌食、大量母猪流产、早产、产后无乳，哺乳仔猪突然发热，呼吸加快、腹泻，排胶冻样粪便，肥育猪呈现肺炎为特征。

（2） 与猪伪狂犬病的鉴别 两者均表现出不孕、流产、产死胎和木乃伊胎等繁殖障碍症状。不同点是：伪狂犬病成年病猪只表现轻微临床症状，而仔猪尤其是1周龄以内的初生仔猪，则表现高热、呼吸困难、呕吐、腹泻、震颤、抽搐、昏迷、四肢呈游泳状划动、口吐白沫等症状，最后衰竭死亡，公猪发生睾丸炎。而猪繁殖与呼吸综合征，则以哺乳仔猪突然发热、呼吸加快，断奶仔猪高死亡率，肥育猪出现典型肺炎，公猪不表现睾丸炎为特征。

（3）与猪流行性乙型脑炎的鉴别　两者均表现出不孕、流产、产死胎和木乃伊胎等繁殖障碍症状。不同点是：猪流行性乙型脑炎病猪发病有明显季节性，一般多在 7～9 月份蚊、蝇滋生的季节发病，病猪表现乱冲、乱撞的神经症状，公猪睾丸肿胀。而猪繁殖与呼吸综合征则以哺乳仔猪突然发热、呼吸加快，断奶仔猪高死亡率，肥育猪出现典型肺炎，公猪不表现睾丸炎为特征。

（4）与猪衣原体病的鉴别　两者均表现出不孕、流产、产死胎和木乃伊胎等繁殖障碍症状。不同点是：妊娠猪感染衣原体后，一般不表现异常临床变化，只是公猪表现睾丸炎，断奶前后仔猪发生肺炎、肠炎。育成猪表现多发性关节炎，有时病猪也出现神经症状。而猪繁殖与呼吸综合征则以哺乳仔猪突然发热、呼吸加快，断奶仔猪高死亡率，肥育猪出现典型肺炎为特征。

【预防措施】　加强饲养管理，实施全进全出制度，严格对猪舍内外进行消毒。

目前国内外已研制出猪繁殖与呼吸综合征灭活苗和弱毒苗，由于猪繁殖与呼吸综合征病毒具有抗体依赖性感染增强现象，故必须有很高的中和抗体滴度，才能抵抗猪繁殖与呼吸综合征病毒的再次感染，当中和抗体滴度下降时，病毒增殖则会加强，病情加重，给免疫带来一定困难。其免疫程序和免疫剂量是：种猪每隔 4 个月全群普防 1 次，剂量 1 头份（2 毫升）。首次普防后间隔 4～5 周进行第 2 次免疫。仔猪免疫在 3～4 周龄（4 周产生免疫力），剂量为半头份（1 毫升）。

（1）猪繁殖与呼吸综合征灭活苗　此苗可减轻临床症状，但不能阻止病毒的再次感染和病猪的排毒，此苗安全不散毒、不返祖，母源抗体对此苗干扰不大，但灭活过程中可造成抗原表位缺

失或抗原性减弱而不能产生足够的保护，故需要重复接种，对后备猪和育成猪在配种前1个月免疫，经产母猪在空怀期接种1次，3周加强1次，由于免疫效果差，故有人用地方株制备灭活苗在当地使用并取得了一定效果。

（2）猪繁殖与呼吸综合征弱毒苗　此苗免疫力强，诱导免疫持续时间长，但弱毒苗可能会由于毒株抗原性减弱而导致免疫原性受到限制，也可能减毒不彻底，反而引起临床感染或免疫抑制，一般弱毒苗用于3～18周龄和没有妊娠的母猪，非感染猪场最好不使用弱毒苗。

【治疗方法】　发病初期可口服解热药，如水杨酸钠、阿司匹林等1～3克，同时使用抗生素，如泰妙菌素、多西环素、头孢塞唑等，以防止继发感染。弱仔及时哺喂初乳，给新生仔猪使用抗生素预防腹泻。保育生长阶段饲喂的饲料中加抗生素，补充适量维生素E和微量元素硒可降低发病率与死亡率。

43 怎样诊治猪流行性乙型脑炎？

猪流行性乙型脑炎是由流行性乙型脑炎病毒引起猪的一种急性传染病。以妊娠猪流产、产死胎和木乃伊胎、公猪睾丸发炎、育肥猪持续高热和新生仔猪脑炎为主要特征。乙型脑炎病毒可感染人，本病属人兽共患传染病。乙型脑炎病毒可通过蚊子的叮咬在猪与人之间相互传播。

【流行特点】　本病具有明显的季节性，一般发生在7～9月份蚊子滋生季节，虽不同品种、年龄、性别的猪对本病均有易感性，但6月龄以前的猪更具易感性，病毒既可通过蚊子等吸血昆虫传播，又可经胎盘感染胎儿。

【临床症状】　妊娠猪突然发生流产，产出木乃伊胎、死胎、弱仔，四肢畸形。流产后胎衣滞留，同窝胎儿差别极大，小的如人的大拇指，大的与正常胎儿一样，流产后症状减轻，体温、食欲恢复正常。公猪则发生睾丸炎，一侧或两侧睾丸肿胀，2～3天炎症消失，睾丸萎缩变硬。仔猪和肥育猪体温高达40～41℃，呈稽留热，精神沉郁，食欲减退，饮欲增加，结膜潮红，粪便干燥，尿液呈深黄色，仔猪出现神经症状时，则表现转圈运动，视力障碍，摆头，乱冲乱撞，后期后肢麻痹，倒地不起而引起死亡。

【病理变化】 病猪脑、脑膜、脊髓膜充血，脑室和脊髓液增多，睾丸肿大、充血、坏死，子宫内膜充血有小出血点。流产胎儿皮下水肿、脑积水、肌肉褪色，肝脏肿大、贫血、质硬，有小点坏死，脾脏除边缘出血梗死外大小正常，全身淋巴结肿大，边缘出血。

【诊断】 根据发病具有明显季节性（一般为7～9月份），妊娠猪突然出现流产、胎衣滞留，公猪睾丸肿胀等特征可做出初步诊断，确诊需靠实验室检验，其检验的方法有血凝抑制试验、中和试验、病毒分离鉴定等。

【类症鉴别】

（1）与猪细小病毒的鉴别 两者均表现出流产、产死胎、木乃伊胎等繁殖障碍症状。不同点是：猪细小病毒病常年发病，多发生于初产母猪，其他猪不表现临床症状，公猪不出现睾丸炎，仔猪不表现神经症状。而猪流行性乙型脑炎发病具有明显的季节性，一般在7～9月份发生，公猪发生睾丸炎，育肥猪持续高热，新生仔猪发生脑炎。

（2）与猪伪狂犬病的鉴别 两者均表现出流产、产死胎、木乃伊胎等繁殖障碍以及神经症状。不同点是：猪伪狂犬病一年四季均可发病，出生仔猪体温升高、呕吐、腹泻，具有明显的神经症状，死亡率高，育成猪、公猪一般呈隐性感染，有时表现轻微呼吸道症状。而猪流行性乙型脑炎发病具有明显的季节性，多在7～9月份发病。公猪呈现睾丸炎，育肥猪持续高热，新生仔猪发生脑炎。

（3）与猪繁殖与呼吸综合征的鉴别 两者均表现出流产、产死胎、木乃伊胎等繁殖障碍症状。不同点是：患猪繁殖与呼吸综合征的哺乳仔猪突然发热、呼吸加快，断奶仔猪死亡率高，肥育

猪出现典型肺炎，公猪不表现睾丸炎。而猪流行性乙型脑炎发病有明显的季节性，母猪产死胎，公猪表现睾丸炎，仔猪出现神经症状。

（4）**与猪传染性脑脊髓炎的鉴别**　两者均表现出体温升高和神经症状。不同点是：猪传染性脑脊髓炎仔猪比成年猪易感，母猪不发生流产，公猪不发生睾丸炎。而猪流行性乙型脑炎多在蚊子滋生的 7 ~ 9 月份发病，公猪易发生睾丸炎，育肥猪表现持续高热。

【预防措施】

（1）免疫预防

① 猪流行性乙型脑炎弱毒苗：分冻干苗和水苗 2 种，青年公猪和母猪在蚊、蝇滋生季节到来前 45 天，每头猪肌内注射 1 毫升，2 周后再加强 1 次，育成母猪、公猪配种前 45 天，每头猪肌内或皮下注射弱毒苗 1 毫升，2 周后再加强 1 次，一般妊娠猪免疫无不良反应。

② 猪流行性乙型脑炎灭活苗：以仓鼠肾灭活苗免疫效果较好，其次为鼠脑苗，皮下或肌内注射 5 毫升。

（2）加强饲养管理　夏天注意圈舍及其周围环境的防暑和灭蚊、灭蝇工作，消毒一定要彻底。

【治疗方法】　尚无特效疗法，只能对症治疗和抗菌药物治疗，缩短病程。抗菌可静脉注射 10% 磺胺嘧啶钠注射液 20 ~ 30 毫升或抗菌药物，退热可静脉注射 25% 葡萄糖注射液 40 ~ 60 毫升、安替比林 2 毫升，镇静可静脉注射 10% 水合氯醛 20 毫升。对贵重种猪可肌内注射康复猪血清 40 毫升。

44　**怎样诊治猪圆环病毒病？**

猪圆环病毒病是由猪圆环病毒 2 型引起猪的一种多系统功能障碍性传染病。临床上以断奶仔猪呼吸急促，呼吸困难，腹泻，贫血，具有明显的淋巴结病变和进行性消瘦为主要特征。发病猪的免疫系统功能受到抑制，免疫应答能力显著下降。

本病于 1991 年在加拿大首次暴发。

【流行特点】 猪圆环病毒 2 型对猪具有很强的感染性，经口腔、呼吸道感染妊娠猪，经胎盘垂直感染胎儿，并引起断奶仔猪多系统衰竭综合征，本病多发生于 5 ~ 12 周龄仔猪，最常见于 6 ~ 8 周龄的仔猪。脾脏、肺脏、淋巴结含毒量较高。发病率一般为 3%~5%，死亡率为 8%~35%。具有临床症状的病猪其死亡率高达 80%。在临床上，猪圆环病毒 2 型和猪繁殖与呼吸综合征并发感染最严重，可占 75.9%。其次是与猪副嗜血杆菌并发感染，占 13.4%。在猪圆环病毒 2 型的多因子感染病例中，与猪繁殖与呼吸综合征和猪副嗜血杆菌混合感染可造成 20% 以上断奶仔猪死亡。

【临床症状】 以发热，生长发育受阻，进行性消瘦，行动迟缓，淋巴结肿大，多数病猪表现咳嗽、打喷嚏、呼吸加快、呼吸困难，部分病猪食欲不振、衰弱、皮肤苍白、黄疸、消瘦为特征，另外还有些病猪可见食欲不振、体重减轻、腹泻、嗜睡、皮炎等症状。

【病理变化】 病猪全身营养状况不良，肌肉萎缩，皮肤苍白，贫血，20% 病例表现黄疸，淋巴结肿大，特别是腹股沟淋巴结肿大，内脏淋巴结和外周淋巴结肿大 3 ~ 4 倍，呈现白色或土黄色。切面湿润，呈紫色外观。脾脏常肿大，呈肉样变化，切面无充血现象。心脏有局灶性心肌炎，质地柔软，心冠脂肪萎缩。肺肿胀，坚实呈橡皮样，表面呈灰棕色花斑状，也可看到黑色或棕色肺泡出血斑。肾脏水肿、苍白，被膜下有白色坏死灶，质地如肉样，比正常大 5 倍。肝脏发暗，萎缩呈浅黄色至橘黄色外观。胃肠表现不同程度的损伤，胃底黏膜可见不透明块状白色区域，盲肠和结肠黏膜壁增厚，充血或出血。

【诊断】 根据发病猪消瘦、贫血、皮肤苍白、黄疸，剖检全身淋巴结肿大，肺退化不全或形成固化致密病灶可做出初步诊断，确诊需靠实验室检验，检验的方法有免疫荧光试验、酶联免疫吸附试验、聚合酶链反应扩增试验等。

【预防措施】 据资料报道和实践证实，用病毒含量高的淋巴结、脾脏制备自家灭活苗预防注射可取得一定效果。其免疫程序为仔猪出生后 7 天进行第一次免疫，21 天时第二次免疫。

加强饲养管理，减少环境应激因素，降低饲养密度，保育舍控制在 3 头/米^2，肥育舍 0.75 头/米^2，严格执行全进全出制度，禁止不同来源、不同日龄的猪混群饲养。严格控制外来污染源，避免从疫区引猪。早期断奶，减少母猪对仔猪的感染，当发现疑似感染猪时要进行彻底检查，及时隔离或淘汰病猪。饲料营养要平衡，饲料中各种氨基酸的含量要充足，应富含维生素和微量元素。

【治疗方法】 用抗生素治疗有助于解决细菌感染和并发症问题。哺乳仔猪在 3 日龄、7 日龄、21 日龄各注射多西环素 100 毫克，或在 1 日龄、7 日龄和断奶时各注射头孢噻呋 100 毫克。母猪在产前和产后 1 周，饲料中添加泰妙菌素（100 毫克/千克）或土霉素（300 毫克/千克）饲喂。

45 怎样诊治非洲猪瘟？

非洲猪瘟是由非洲猪瘟病毒引起猪的一种急性、高度接触性、病毒性传染病。其发病特点是发病急、病程短，病猪呈现稽留热，皮肤发绀，淋巴结和内脏器官严重出血，发病率和死亡率都很高。非洲猪瘟的临床症状、病理变化和流行病学特点类似急性猪瘟，但比急性猪瘟发病更急。

【流行特点】 本病仅发生于猪，野猪多呈隐性感染，病猪的各种分泌物、排泄物都是危险的传染源，大多数康复猪都是带毒者。被污染的饲料、饮水、用具可通过消化道感染易感猪，猪虱、蚊等吸血昆虫是重要的传播媒介。

【临床症状】 本病潜伏期为 5～9 天，发病猪体温突然上升至 40.5℃，稽留 4 天，开始发病通常不表现临床症状。当体温下降时或死前 1～2 天，病猪才出现精神沉郁、厌食、独卧地一隅或相互堆叠，呼吸、心搏加快，腹泻，粪便带血，行走时后肢无力，眼、鼻有浆液性或脓性分泌物，鼻盘、耳部、腹部等处常见发绀。发病猪直至死前仍能吃食，死亡率95%以上。

【病理变化】 病猪全身呈现败血症病变，淋巴结的病变最具有特征性，肠系膜淋巴结严重出血、水肿，胸部、腹部和颌下淋巴结出血较轻，体表淋巴结仅周边轻度出血，胸腔、腹腔、心包积液，呈黄色或红色，心内外膜有出血斑。气管、肺小叶间水肿，呈黄色胶样浸润。肠系膜黏膜下水肿，胃、肠黏膜有炎症和出血性变化，大肠黏膜有类似纽扣状溃疡病变。肾皮质部呈点状出血，膀胱黏膜有瘀血斑，脾脏肿大但无梗死。

【诊断】 根据临床症状，结合病理变化可做出初步诊断，确诊需靠实验室检验，其检验方法有动物接种试验、红细胞吸附和红细胞吸附抑制试验、免疫荧光试验、琼脂扩散沉淀试验以及补体结合试验。

【类症鉴别】 非洲猪瘟与猪瘟在临床症状上极为相似，易于混淆，应注意鉴别。其鉴别要点如下：

1）非洲猪瘟病猪当体温下降时才表现临床症状，出现临床症状时病猪至少已发热4天，处于濒死状态；而猪瘟病猪一旦出现体温升高，就立即出现明显的临床症状直至死亡。

2）非洲猪瘟死亡猪的淋巴结严重出血，状似血瘤；而猪瘟病猪的淋巴结则呈充血、出血、水肿，外观似大理石样花纹。

3）非洲猪瘟死亡猪，剖检可见腹腔、胸腔、心包内液体较多，呈黄色，肠系膜呈胶样水肿；而猪瘟病猪则无此病变。

4）非洲猪瘟对所有猪均易感，呈暴发流行，但在我国尚未发现本病，也无免疫接种；我国已用猪瘟兔化弱毒疫苗对健康猪进行了普遍免疫，所以大部分猪对猪瘟有一定抵抗力，即使发病也多呈亚急性或慢性流行。

5）如在接种过猪瘟疫苗的猪群中突然发生与猪瘟相似的传染病，传播快、大批发病、死亡率高，猪瘟疫苗紧急接种后疫情仍未减轻，则可怀疑为非洲猪瘟。

6）非洲猪瘟无疫苗抗体，而猪瘟有疫苗抗体，血清抗体检测时若非洲猪瘟抗体阳性则可怀疑为此病。

【预防措施】 非洲猪瘟目前尚未研究出可用疫苗，猪群中若发现可疑病猪应立即封锁、消毒，确诊后，全群扑杀，焚烧深埋，彻底消灭传染源。不从疫区引进生猪及其产品，对急需引进的生猪及其产品一定要进行严格检疫。

46 怎样诊治猪传染性脑脊髓炎?

猪传染性脑脊髓炎是由传染性脑脊髓炎病毒侵害中枢神经系统引发的传染病。其发病特征为共济失调、肌肉抽搐、四肢麻痹及中枢神经系统紊乱。

【流行特点】 传染性脑脊髓炎仅见于猪，各品种和各年龄的猪均有易感性，但以幼龄仔猪（4～5周龄）易感性最强，成年猪多呈隐性感染。本病既可通过污染的饲料、饮水经消化道感染，又可经呼吸道感染，病猪和带毒猪是主要传染源。

【临床症状】 病初体温升高至40～41℃，厌食、倦怠，随后迅速出现寒战和共济失调。当受到周围不良因素刺激时，则出现四肢僵硬和反复跌倒，发病严重时眼球震颤，肌肉抽搐，角弓反张，昏迷，有时磨牙、鸣叫，接着发生麻痹，呈侧卧或犬卧状。出现症状后3～4天死亡，致死率高达50%～60%。

【病理变化】 死于传染性脑脊髓炎的病猪剖检可见脑膜水肿，脑膜和脑血管充血，心肌和骨骼肌萎缩，其他无肉眼可见的变化。

【诊断】 根据流行特点、临床症状可做出初步诊断，确诊需靠实验室检验。其检验方法有病毒分离试验和血清学试验。

【类症鉴别】

（1）与猪血凝性脑脊髓炎的鉴别 两者均有体温升高、哺乳仔猪易感性强、成年猪呈隐性感染、具有神经症状等特点。不同点是：猪血凝性脑脊髓炎病猪临床表现消瘦、呕吐等症状，而传染性脑脊髓炎病猪则不表现消瘦、呕吐症状。

（2）与猪伪狂犬病的鉴别 两者均表现出体温升高，仔猪易感，行动失调，痉挛，站立不稳，角弓反张等神经症状。不同点是：猪伪狂犬病表现妊娠猪流产、产死胎或无生活力的弱仔，临床表现呕吐、腹泻、口吐白沫、四肢呈游泳状划动，最后衰竭死亡。而传染性脑脊髓炎小猪和育成猪易感性高，母猪不流产，公猪不发生睾丸炎。

（3）与猪流行性乙型脑炎的鉴别 两者均表现出体温升高，有神经症状。不同点是：猪流行性乙型脑炎在蚊蝇滋生的 7 ~ 9 月份多发，公猪容易发生睾丸炎，育肥猪持续高热。猪传染性脑脊髓炎仔猪比成年猪易感，母猪不发生流产，公猪不发生睾丸炎。

（4）与猪李氏杆菌病的鉴别 两者均表现出体温升高，运动失调、痉挛、站立不稳等神经症状。不同点是：猪李氏杆菌病多发生于断奶后的仔猪，临床上分败血型（体温升高，口渴，腹泻，咳嗽，呼吸困难，耳部、腹部及皮肤发绀）和脑炎型（共济失调，肌肉震颤，抽搐，口吐白沫衰竭死亡）。而传染性脑脊髓炎，则无败血症变化。

【预防措施】 由于病猪康复后可产生坚强免疫力，所以有的国家采用病猪脑组织制备灭活苗对猪进行免疫接种，但保护率较低，当前也有采用猪肾细胞传代培育猪传染性脑脊髓炎弱毒苗或细胞培养猪传染性脑脊髓炎病毒后制备灭活苗对小猪实施免疫，保护率达80%以上。

加强对引进猪的检疫，如发现可疑病猪，首先采取隔离和消毒措施，然后迅速确诊并立即封锁，报上级有关部门就地扑杀，控制本病的发生与流行。

【治疗方法】 实施对症治疗和康复猪血清治疗可取得一定效果。

47 怎样诊治猪血凝性脑脊髓炎？

猪血凝性脑脊髓炎是由血凝性脑脊髓炎病毒引起猪的一种急性传染病，主要感染幼猪。其发病特征为呕吐、进行性消瘦和中枢神经系统障碍，病死率很高。

【流行特点】 血凝性脑脊髓炎仅感染猪，尤其是1～3周龄的仔猪易感性强。病猪和带毒猪是主要传染源，病毒既可经呼吸道又可经消化道感染，成年猪虽呈隐性感染，但可以排毒，被感染的仔猪，病情严重时发病率和死亡率可达100%。

【临床症状】 根据症状可分两种类型，即呕吐消瘦型和脑脊髓炎型。有时两者也可同时存在一个猪群或不同猪群。

（1）**呕吐消瘦型** 发病初期体温升高，反复呕吐，仔猪扎堆，弓背、磨牙、精神委顿。有的病猪出现咽喉肌肉麻痹，不能吞咽，口流泡沫，便秘。较小的仔猪几天后发生严重脱水，结膜发绀，昏迷死亡。较大的仔猪发病轻，表现不食、消瘦、呕吐等症状，不死的转为僵猪。

（2）**脑脊髓炎型** 常发于2周龄以下仔猪，病猪先表现为厌食，继而发生昏睡、呕吐、便秘，四肢发紫。其后有的病猪打喷嚏、咳嗽、磨牙，1～3天后出现中枢神经系统障碍，知觉过敏，步态不稳，共济失调，后肢麻痹呈犬坐姿势，最后卧地，四肢呈游泳状划动，呼吸困难，眼球震颤，失明，昏迷死亡，病程10天，病死率几乎达100%。

【病理变化】 脊髓炎型可见轻度的卡他性鼻炎，呕吐消瘦型仅见胃肠炎变化。

【诊断】 根据流行特点、临床症状只能做出推测性诊断，确诊需靠实室检验，其检验方法有病毒分离鉴定、鸡红细胞血凝和红细胞血凝集抑制试验、血细胞吸附和血细胞吸附抑制试验、病毒中和试验等。

【类症鉴别】

（1）**与猪传染性胃肠炎的鉴别** 猪血凝性脑脊髓炎呕吐消瘦型与猪传染性胃肠炎两者均表现出食欲不振、体温升高、呕吐、消瘦等症状。不同点是：猪传染性胃肠炎除表现呕吐和消瘦外，还可见到水样腹泻，不表现神经症状。

（2）**与猪伪狂犬病的鉴别** 两者均表现出体温升高、运动失调、站立不稳、痉挛等神经症状。不同点是：猪伪狂犬病表现的神经症状多发生于出生后 2 ~ 3 天的仔猪，在同群的一胎或二胎妊娠猪中还可见到流产、产死胎或木乃伊胎。

（3）与猪传染性脑脊髓炎的鉴别　两者均表现出体温升高、运动失调、站立不稳、痉挛等神经症状。不同点是：猪传染性脑脊髓炎多发生于 4 ~ 5 周龄仔猪，发病症状为四肢僵硬、前肢前移，后肢后移，不能站立，发病呈波浪式，惊厥常持续 24 ~ 36 小时。成猪多呈隐性感染。

（4）与猪流行性乙型脑炎的鉴别　两者均表现出体温升高、运动失调、站立不稳、痉挛等神经症状。不同点是：猪流行性乙型脑炎仅发生于蚊、蝇活动季节，除妊娠猪发生流产和产死胎外，公猪还可发生睾丸炎，一般多为单侧发病。

【预防措施】　本病目前无特效疫苗，母猪感染病毒 2 ~ 3 周后，产出的仔猪可通过母源抗体获得保护。

加强检疫，定期做血清学调查，及早确诊，果断采取措施，防止疫情蔓延扩散。

48　怎样诊治仔猪先天性震颤？

仔猪先天性震颤又称先天性痉挛、仔猪跳跳病，是由震颤病毒通过母猪胎盘垂直传播给仔猪，引起初生仔猪的一种全身或局部肌肉发生阵发性痉挛的疫病。

【流行特点】　仔猪先天性震颤仅发生于仔猪，受感染的母猪在妊娠期间不显示临床症状，多呈隐性感染。母猪若生过一窝发病仔猪，则以后所生的几窝仔猪均不发病。在同一感染猪群中，产仔季节早期出生的仔猪症状最为严重，随着产仔季节的推移，后出生的仔猪症状逐渐变轻。日本学者认为，本病与母猪妊娠期间接种猪瘟疫苗有关，也有学者认为本病的发生与妊娠期母猪营养不良有关，饲料中无机盐缺乏，钙、磷比例失调，可促使本病的发生。

【临床症状】　患病仔猪出生后立即表现震颤，全身肌肉剧烈抽搐，头部、四肢、尾部发生有节奏的阵发性痉挛，后肢无力。

二
猪病毒病的诊治

发病仔猪出生前后，母猪无明显临床症状，分娩正常。发病仔猪的症状轻重不一，若全窝仔猪发病则症状严重，若一窝中只有部分仔猪发病则症状较轻。

【病理变化】 发病猪无肉眼可见的明显病变。如对中枢神经做组织学检查，可见脑血管周围间隙，特别是脑基部充血、出血。

【诊断】 根据流行特点、临床症状可做出初步诊断，确诊需靠病理组织学检查中枢神经，同时进行病毒分离和动物试验。

【预防措施】 目前尚无疫苗和有效治疗方法。硫酸镁 2~7 克肌内或静脉注射，在缓解症状方面有一定的效果，可降低死亡率。

加强饲养管理，使病仔猪保持温暖、干燥、清洁，减少应激因素，最好能使患病仔猪尽早吃上初乳，以减少死亡，发病康复后的仔猪不能做种猪使用。避免妊娠猪与病猪接触。

49 怎样诊治猪脑心肌炎？

猪脑心肌炎是脑心肌炎病毒引起猪的急性、致死性传染病，其发病特征为急性心肌炎、脑炎、心肌周围炎。

【流行特点】 对脑心肌炎病毒易感的动物虽然很多，但以哺乳仔猪的易感性最高，一旦发病，同窝或同圈猪都可感染死亡。断奶猪感染后多呈亚临床感染，病死率不高。妊娠猪感染后，既可经胎盘垂直感染胎儿，又可经母乳传给仔猪，病毒主要存在于心肌、肝脏、脾脏，带毒鼠是主要传染源，仔猪通过采食污染的饲料、饮水或病死鼠而感染。

【临床症状】 本病潜伏期 2~4 天，病初体温出现短暂升高，持续不到 1 天就可能出现急性心脏病的特征，多数病猪不表现任何症状而突然死亡。也有少数病猪表现为精神沉郁、食欲减退、眼球震颤、步态蹒跚、麻痹、呼吸困难，最终因急性心力衰竭而突然死亡。

【病理变化】 发病死亡猪腹部皮肤呈紫色，心包积液，心肌柔软，出现心肌炎、心肌变性和坏死，纤维素性心外膜炎。右心室扩张，有灰白色条状坏死，腹水、肺脏和肠系膜水肿，肝脏肿大。

【诊断】　根据主要发生于仔猪，发病突然，无先驱症状，死亡迅速，心肌出现变性、坏死等特征性病变，再结合流行特点可做出初步诊断。确诊需靠实验室检验，其检验方法有病毒分离鉴定、病毒中和试验以及动物试验。

【类症鉴别】

（1）与猪维生素A缺乏症的鉴别　两者均表现出精神沉郁、运动失调、痉挛等症状。不同点是：猪维生素A缺乏症是由于日粮中缺乏维生素A所引起，以冬末春初青绿饲料缺乏时仔猪多发，临床表现为目光凝视、瞬膜外露、头颈歪斜、共济失调，呈现明显的神经症状。

（2）与仔猪水肿病的鉴别　两者均表现出发病突然、步态不稳等症状。不同点是：仔猪水肿病的病原为大肠杆菌，多在断奶前后、膘情好的仔猪中发病，以脸部和眼部水肿、胃底部肌层和黏膜层有大量透明的胶冻样液体为特征。

（3）与仔猪白肌病的鉴别　两者均表现出步态不稳、后肢麻痹等症状。不同点是：仔猪白肌病是由于日粮中缺乏微量元素硒和维生素E所致，除具有神经症状和心肌呈灰白色外，可见病猪排血红蛋白尿。剖检骨骼肌色淡如鱼肉样，肝脏肿大有槟榔样花纹。

【预防措施】　目前尚无疫苗和有效的治疗方法，注意防止野生动物，特别是啮齿类动物进入猪场，一旦发现要予以彻底消灭，以防其偷食或污染饲料与饮水。发现可疑病例时，立即隔离消毒，快速诊断。病死动物必须进行无害化处理，被污染的场地应全面彻底消毒。

一 猪病毒病的诊治

50　怎样诊治猪包涵体鼻炎？

猪包涵体鼻炎又称猪巨细胞包涵体病，是猪细胞巨化病毒引

起仔猪的一种以表现鼻炎症状为特征的传染病。

【流行特点】 病猪和带毒猪是主要传染源，以2周龄仔猪易感性最强，特别是在诱发因子（如感染猪副嗜血杆菌和支气管败血波氏杆菌）存在时，机体的抵抗力降低，使仔猪常呈现暴发流行。

【临床症状】 猪包涵体鼻炎所感染的成年猪，只有在毒血症阶段才表现厌食、倦怠，妊娠猪在妊娠期除引起胎儿感染死亡流产外，无其他临床症状。新生仔猪出生后，看不到临床症状就突然死亡。5～10日龄的仔猪感染后一般呈急性经过，初期表现流泪、打喷嚏、流浆液鼻液，后期因鼻塞和呼吸困难导致精神沉郁、厌食、消瘦，最后因麻痹死亡。4月龄以上被感染猪无明显临床症状。

【病理变化】 鼻腔黏液增多，胸腔和全身皮下组织、喉头、跗关节周围皮下显著水肿，肺脏水肿，肺脏的尖叶、心叶可见肺炎灶，胸腔和心脏周围有渗出液。淋巴结和肾脏肿大、出血、水肿，带有瘀血点，肾脏外观呈斑点状或完全发紫。鼻黏膜上皮细胞核内可见各种形态的包涵体。

【诊断】 根据临床表现和病理变化可做出初步诊断，确诊需靠包涵体检查、病毒分离和荧光抗体试验。

【类症鉴别】

（1）**与猪传染性萎缩性鼻炎的鉴别** 两者均表现出打喷嚏，鼻塞，鼻孔流黏性、脓性分泌物，鼻甲骨变形等症状。不同点是：猪传染性萎缩性鼻炎以6～8周龄仔猪易感，3月龄以上的猪感染后症状不明显，发病严重时虽然鼻甲骨萎缩，面部变形，呼吸困难，生长停滞，但死亡率不高。

（2）**与猪坏死性鼻炎的鉴别** 两者均发生于仔猪，症状是鼻流脓性分泌物。不同点是：坏死性鼻炎病猪的鼻黏膜呈黄白色，出现溃疡面。

【预防措施】 目前尚无有效疫苗预防，当猪场暴发本病时，患病母猪初乳内可能含有中和抗体，对哺乳仔猪有一定的保护力。

加强饲养管理，采取综合性措施，注意引进猪只的检疫，认真搞好消毒，保持猪舍环境卫生。

【治疗方法】 目前尚无有效的治疗药物，当猪场暴发本病时，使用抗生素可控制细菌病的继发感染。

51 怎样诊治猪痘?

猪痘是由猪痘病毒和痘苗病毒引起猪的一种急性、热性传染病。其发病特征是患部皮肤和黏膜发生规律性病变，即红斑、丘疹、水疱、脓疱和结痂。

【流行特点】 病猪和病愈带毒猪是主要传染源，本病发病率高，死亡率低，只能引起猪发病，其他动物不发病，仔猪、小猪多发，成年猪具有抵抗力。通过损伤的皮肤，由猪虱、蚊、蝇等昆虫传播。虽然任何季节均可发病，但在春、秋季天气阴雨寒冷以及圈舍潮湿污秽、猪只营养不良时发病严重。

【临床症状】 本病潜伏期 4~7 天，病初病猪体温升高，精神沉郁，食欲减退，眼、鼻有分泌物。病猪被毛稀少的部位，如鼻盘、眼皮、下腹部内侧等处出现许多突出于皮肤表面的丘疹（见彩图 2-20），经过 2~3 天变为水疱，很快形成脓疱，发病后 10 天左右脓疱逐渐结痂，20 天后多数痂皮脱落，遗留白色斑块而痊愈。本病虽死亡率不高，但在饲养管理条件恶劣的情况下，可继发细菌感染，形成脓肿溃疡甚至融合成片，有时还可并发支气管炎、肺炎和胃肠炎，最终导致死亡。

【病理变化】 咽、口腔、胃和气管常发生疱疹，如进行组织学检查可见棘细胞肿胀变性，胞核染色质溶解，出现特征性核空泡。

【诊断】 根据流行特点和临床症状一般不难做出诊断，确诊需靠实验室检验。

【类症鉴别】

（1）与猪口蹄疫的鉴别 两者均表现出体温升高，口腔、鼻

盘出现水疱等症状。不同点是：猪口蹄疫传播迅速，水疱只发生在唇、齿龈、口、乳房及蹄部，躯干部不发生。而猪痘的水疱主要发生于躯干的下腹部和四肢内侧。

（2）与猪传染性水疱病的鉴别　两者均表现出体温升高，口腔、蹄部出现水疱等症状。不同点是：传染性水疱病的水疱主要发生于蹄部、口腔、鼻部，躯干部不发生，传播速度也比猪痘快。

（3）与猪水疱性疹的鉴别　两者均表现出体温升高，口腔、舌、蹄部出现水疱等症状。不同点是：猪水疱性疹的患猪躯干部不发生水疱。

（4）与猪湿疹的鉴别　两者均在躯干部、胸腹下出现丘疹、水疱、脓疱等症状。不同点是：猪湿疹发病后体温不高，无传染性，丘疹中央无脐部凹陷，有奇痒症状。

【预防措施】　目前尚无有效疫苗预防，注意改善环境条件，引进猪只时严格检疫，防止引入带毒猪。加强灭虱、灭蚊工作。

【治疗方法】　目前无特效治疗方法，发病后隔离病猪，使用抗生素可控制继发感染，有条件的猪场可制备自家苗进行预防。

52 怎样诊治猪狂犬病?

猪狂犬病是由狂犬病病毒引起猪的一种急性接触性传染病。其发病特征是病猪狂躁不安，意识紊乱，咬人、咬物，最终麻痹死亡。狂犬病毒可感染人，本病属于人兽共患传染病。

【流行特点】　本病一年四季均可发生，患病动物唾液中含有大量病毒，主要通过病畜咬伤感染，也可经过消化道、呼吸道和胎盘感染。伤口越深，越靠近头部，发病率越高。

【临床症状】　猪狂犬病的潜伏期20～26日，其发病的典型特征是突然发作，病猪兴奋不安，横冲直撞，不断用鼻拱地，运动失调，攻击人、畜，叫声嘶哑，全身肌肉痉挛，流涎，咬牙，在发作间隙，常隐藏在垫料中，一听到声音便一跃而起，无目的地乱跑，最后麻痹死亡。

【病理变化】 尸体消瘦，血液浓稠、凝固不良，躯体常见咬伤。胃内空虚，常有石块、泥土、毛发等。胃肠黏膜充血、出血或溃疡，脑水肿，脑膜、脑实质小血管充血和点状出血。

【诊断】 根据典型的临床症状，结合疯犬咬伤史，可做出初步诊断，确诊需靠实验室检验，如进行动物接种、荧光抗体检查、酶联免疫吸附试验和琼脂扩散试验等。

【类症鉴别】

（1）与猪李氏杆菌病的鉴别 两者均表现出先兴奋后麻痹症状。不同点是：李氏杆菌病与咬伤无关，临床表现为头颈后仰，前后肢张开，呈现典型的观星姿势，肌肉阵发性痉挛，口吐白沫，病猪侧卧地上，四肢乱动，常出现吞咽动作，没有攻击性。

（2）与猪伪狂犬病的鉴别 两者均表现出叫声嘶哑和精神症状。不同点是：伪狂犬病无咬伤史，在没有注射猪伪狂犬病疫苗的情况下，常有较多的哺乳仔猪发病，表现症状为兴奋、痉挛、麻痹、意识不清，病死率很高，在哺乳仔猪患病的同时常伴有母猪流产、产死胎和木乃伊胎，取病料处理后接种家兔，在接种部位出现奇痒症状。

【预防措施】 目前尚无猪狂犬病的专用疫苗，要想搞好预防狂犬病的工作，每年定期给家犬、警犬注射狂犬病疫苗，及时扑杀疯犬、野犬，以防咬伤人、畜。对患病动物不得剖检，将尸体深埋或焚烧。

【治疗方法】 目前尚无有效治疗方法，对确诊的病猪要立刻扑杀，并及时销毁传染源，禁止对病猪进行治疗。

53 怎样诊治猪肠道病毒感染？

猪肠道病毒感染是由猪肠道病毒引起猪的各种临床综合征的总称，其症状多种多样，如腹泻、肺炎、心肌炎、心包炎、流产、死产、产木乃伊胎、不孕症等。

【流行特点】 康复猪和隐性感染猪是本病的主要传染源。病毒主要存在于肠道，经粪便排出后，污染饲料、饮水，再经消化

道和呼吸道感染易感猪，尤其是幼仔猪的易感性最强。

【临床症状】 在同一个猪群中存在几个血清型，不同毒株可引起不同的临床类型。繁殖障碍型：多发生于刚引进的母猪群，妊娠猪于妊娠 15 天时感染，胎儿多被吸收，产仔减少；妊娠 30 ~ 45 天感染，胎儿死亡率为 20% ~ 50%，死亡胎儿呈现腐败、木乃伊状态或新鲜尸体，有些新生仔猪表现畸形和水肿，虚弱的仔猪多在 5 天内死亡。下痢型：表现轻微腹泻。肺炎型：表现呼吸加快、咳嗽、打喷嚏、食欲减退、精神沉郁等。心肌炎和心包炎型：往往出现突然死亡。

【病理变化】 繁殖障碍型：死胎猪的皮下和肠系膜（尤其大肠系膜）水肿，胸腔和心包积水，脑膜和肾皮质可见小出血点。下痢型：无特征性的病变。肺炎型：肺尖叶、心叶和中间叶有灰红色实变区，肺泡和支气管内有渗出液。心肌炎和心包炎型：心肌坏死，有浆液性、纤维素性心包炎变化。

【诊断】 根据流行特点和临床症状的多样化，新引进母猪窝发性繁殖障碍，4 ~ 5 周龄仔猪发病率高等特点，可做出初步诊断，确诊需靠实验室病毒分离鉴定、血清学试验、动物接种试验等。

【类症鉴别】

（1）与猪传染性乙型脑炎鉴别 猪肠道病毒感染的繁殖障碍型与猪传染性乙型脑炎两者均表现产死胎、木乃伊胎。不同点是：猪传染性乙型脑炎发生在蚊、蝇滋生的季节，临床表现体温升高，有神经症状。而猪肠道病毒感染的母猪、后备猪则不出现临床症状。

（2）与猪伪狂犬病的鉴别 猪肠道病毒感染的繁殖障碍型与猪伪狂犬病两者均表现产死胎、木乃伊胎。不同点是：猪伪狂犬病病猪体温升高，1 周龄内仔猪发病率高，有神经症状。

（3）与猪轮状病毒病的鉴别 猪肠道病毒感染的下痢型与猪轮状病毒病两者均表现腹泻症状。不同点是：猪轮状病毒的感染率高达 90% ~ 100%，仔猪出现呕吐症状。

【预防措施】 目前尚无预防本病的疫苗。加强饲养管理，搞好圈舍环境卫生，提高猪群的基础抗病能力，可阻止或减少本病的发生。

【治疗方法】 目前尚无有效的治疗药物和治疗方法。

54 怎样诊治猪博卡病毒病？

猪博卡病毒病是由猪博卡病毒引起猪的以腹泻为主要症状的传染性病，主要发生于产房哺乳仔猪，发病仔猪死亡率高达70%以上。本病为新近发现的传染病。

【流行特点】 本病潜伏期20个小时，传播速度快，数日即可蔓延全群或整个猪场，经呼吸道和消化道感染，猪是已知猪博卡病毒唯一的易感动物。病猪和带毒猪是其主要传染源，不同年龄、性别的家猪和野猪均可感染。

【临床症状】 病猪表现支气管炎、肺炎、急性或慢性胃肠炎症状，引发流产、死胎。哺乳仔猪多在2~3日龄出现剧烈腹泻，排浅绿色、黄绿色或灰白色水样粪便，迅速脱水消瘦，精神沉郁，被毛粗乱，少食或不食，部分仔猪呕吐，多数病猪5~7天内死亡，10日龄以内的仔猪死亡率高达80%，随日龄的增加死亡率降低。

【病理变化】 病死猪尸体消瘦、脱水、胃黏膜充血，有时有出血点，小肠黏膜充血、肠壁变薄无弹性，内含水样稀便，肠系膜淋巴结肿胀。

【诊断】 根据流行特点和临床上的高发病率、高死亡率可做出初步诊断，确诊需靠实验室病毒分离鉴定、血清学试验、聚合酶链反应扩增试验等。

【预防措施】 目前尚无预防本病的疫苗。加强饲养管理，搞好圈舍环境卫生，引进猪只时严格执行检疫制度，杜绝本病的传入。

【治疗方法】 目前尚无有效的治疗药物和治疗方法。对于发病猪场可对产前6周以内的母猪进行返饲，连续饲喂3~4天，

3 周后再重复 1 次。

对发病仔猪可肌内注射长效头孢噻呋晶体注射液 0.2 毫升和右旋糖苷铁 1 ~ 2 毫升，可降低仔猪死亡率。

55 怎样诊治猪蓝眼病？

猪蓝眼病是由副粘病毒引起猪的一种传染病，其发病特征为中枢神经系统紊乱、角膜浑浊和繁殖障碍。由于角膜浑浊而导致瞳孔呈浅蓝色，故名蓝眼病。

【流行特点】 自然条件下，只有家猪发病，2 ~ 15 日龄仔猪最易感。兔、猫和野猪感染后不发病，但可产生抗体。病猪和隐性感染猪是病毒的主要传染源，经呼吸道传播。康复猪其病毒抗体持续终生。在感染猪场，本病呈周期性发生，主要在易感的后代和新引进的易感猪群中暴发。

【临床症状】 病猪表现突然倒地，侧卧或出现神经症状，病初体温升高、弓背，继而共济失调、肌肉震颤。驱赶病猪时表现异常亢奋、发出尖叫或划水样行走。病猪有结膜炎、眼睑水肿、流泪和黏附分泌物。病猪呈单侧或双侧性角膜浑浊。仅有角膜浑浊而无其他症状者可自然康复。最先发病的仔猪常在 48 小时内死亡，而后发病仔猪 4 ~ 6 天后死亡。发病期间所产仔猪有20% ~ 65% 可被感染，病死率可高达90%。死亡可持续 2 ~ 9 周。

妊娠猪感染后繁殖障碍持续 2 ~ 11 个月，返情率增加，产仔率降低，断奶和配种间隔延长，个别母猪食欲稍有下降、角膜浑浊。产死胎和木乃伊胎，在急性暴发期间，一些母猪有流产现象。后备母猪和其他成年猪偶尔有角膜浑浊。公猪单侧性睾丸增大，14% ~ 40% 的公猪繁殖力降低，睾丸萎缩并伴有附睾硬化。

【病理变化】 无特征性眼观病变，仅见肺心叶及腹侧有轻度的肺炎变化。仔猪有中度胃、膀胱扩张，腹腔积有少量混有纤维素样的液体，脑充血，脑脊液增多，常见单侧性结膜炎、结膜水肿和不同程度的角膜浑浊。公猪睾丸和附睾肿大。

【诊断】 根据流行特点和发病猪角膜浑浊、瞳孔呈浅蓝色及高死亡率等可做出初步诊断，确诊需靠实验室病毒分离鉴定、病毒中和试验、荧光抗体试验和动物试验等。

【类症鉴别】

（1）与猪伪狂犬病、猪细小病毒病、猪繁殖与呼吸综合征的鉴别　四者均表现出流产、产死胎和木乃伊胎等症状。不同点是：前三者产仔母猪均无临床症状，而猪繁殖与呼吸综合征产仔母猪有临床症状，猪蓝眼病个别母猪角膜浑浊和公猪患睾丸炎及附睾炎、睾丸萎缩。

（2）与猪流行性乙型脑炎的鉴别　两者均表现出流产、产死胎和木乃伊胎，产仔母猪无临床症状，公猪表现睾丸炎及附睾炎、睾丸萎缩等症状。不同点是：猪蓝眼病引起角膜浑浊，导致瞳孔呈浅蓝色。

【预防措施】　目前国内尚无商品化的疫苗。加强饲养管理，搞好圈舍及用具的消毒，做好血清学调查和抗体检测，及时了解猪群健康状况。加强口岸检疫，禁止从国外引进带毒种猪。猪群发病时，封锁猪场，彻底消毒，扑杀感染猪，并进行无害化处理。

【治疗方法】　目前尚无有效的治疗药物和治疗方法，对症治疗效果不理想。

二

猪病毒病的诊治

三、猪细菌病的诊治

56 怎样诊治仔猪黄痢?

仔猪黄痢是由致病性大肠杆菌引起初生仔猪的以排黄色稀便为主要特征的一种急性、高度致死性常见肠道传染病。其发病特征为剧烈腹泻、排黄色或黄白色液状粪便，迅速死亡。

【流行特点】 7日龄以内的仔猪，尤其是以1~3日龄仔猪发病率高。7日龄以上仔猪很少发病，如果发病后用药不当或不及时用药可造成大批死亡，出生后24小时内发病者死亡率更高。随着日龄增大，发病率和死亡率减少，环境条件恶化可加速发病。带菌猪是主要传染源，致病性大肠杆菌不但血清型很多，而且各血清型之间交互免疫力不强。

【临床症状】 一窝仔猪出生后虽然体质健壮，看不到明显症状，但12小时后突然死亡1~2头。随后同窝其他仔猪相继腹泻，排出黄色、黄白色、灰黄色带气泡的水样稀便，具腥臭味。病猪肛门发红松弛，粪便沾污尾根、会阴、后肢。捕捉时鸣叫挣扎，排粪失禁，粪便从肛门自行流出。停止哺乳，极度消瘦，口渴喜饮，机体脱水，眼球下陷，皮肤失去弹性，最终因心力衰竭、虚脱、昏迷死亡。

【病理变化】 病死仔猪脱水，消瘦，肌肉苍白，颈部、腹下水肿，胃内充满凝乳块，胃黏膜和浆膜充血、出血、水肿，肠腔充满黄色或黄白色带腥臭味的内容物，肠系膜淋巴结充血、肿大、切面多汁。心脏、肝脏、肾脏表面有坏死灶。

【诊断】　根据仔猪发病日龄、排黄色稀便、发病率和死亡率高的特点，可做出初步诊断，确诊需靠实验室检验。

【类症鉴别】

（1）**与仔猪白痢的鉴别**　两者均表现出腹泻症状。不同点是：仔猪白痢以 10 ~ 30 日龄的仔猪多发，7 日龄以内和 30 日龄以上仔猪很少发病。病猪排出乳白色、灰白或黄白色具有腥臭味的糊糊状的粪便，很少引起死亡。而仔猪黄痢以 7 日龄以内，尤其是 1 ~ 3 日龄仔猪为主要发病者，排出黄色、黄白色、灰黄色带气泡的水样稀便，发病率和死亡率均高。

（2）**与仔猪红痢的鉴别**　两者均表现出腹泻症状。不同点是：仔猪红痢病猪排出的粪便中带有血液，呈红褐色，并含有坏死组织碎片，病死猪腹胀。

（3）**与仔猪副伤寒的鉴别**　两者均表现出腹泻症状。不同点是：仔猪副伤寒多发生于 2 ~ 4 月龄的仔猪，粪便中混有血液、伪膜，肠道有糠麸样病变，注射过黄痢多价灭活苗的猪很少发病。

【预防措施】　黄痢多价灭活苗（使用当地菌株制备的灭活苗效果更好），产前 15 ~ 20 天给妊娠猪每头肌内注射 5 毫升；也可使用 K_{88}、K_{99} 基因工程苗或多价基因工程苗（按说明书使用）；口服 3 ~ 5 毫升多价菌毛抗原，封闭肠黏膜上皮细胞上的抗原结合位点，使病原菌不再吸附于肠黏膜上皮细胞，同样可达到预防仔猪黄痢的目的。

加强饲养管理，母猪产仔前 2 天或产仔结束时用 0.3% 高锰酸钾溶液，将猪圈彻底消毒 1 次，也可在母猪配种后和产前 10 天肌内注射 0.1% 亚硒酸钠注射液 5 毫升。

【治疗方法】　硫酸卡那霉素，每次 50 万单位，或诺氟沙星 0.2 克肌内注射，每天 3 次，连用 2 天。将复方氯化钠注射液 25 毫升、50% 葡萄糖 20 毫升、5% 碳酸氢钠注射液 10 毫升和维

生素 C 1 克混合后，取 10 毫升口服或腹腔注射，每天 2 次。新生仔猪在未吃初乳前口服 0.5～1 毫升大肠杆菌培养物或内服调痢生 50 毫克/千克体重，还可在产后 12 小时用新霉素、止痢灵、泻痢停进行预防。

57 怎样诊治仔猪白痢?

仔猪白痢是由致病性大肠杆菌引起哺乳期内仔猪的一种以排泄乳白色或灰白色带有腥臭味的浆状、糊状粪便为特征的腹泻病。

【流行特点】 本病发生于 10～30 日龄的仔猪，7 日龄以内和 30 日龄以上很少发病。饲养管理不良，卫生条件差，气温剧变的冬、春季，阴雨连绵，保温不好及其母猪乳汁缺乏时发病较多。往往一窝仔猪中只要有 1 头发病，其余仔猪会同时或相继发病。

【临床症状】 病猪突然发生腹泻，排乳白色、灰白色或黄白色糨糊状粪便，具有腥臭味，腹泻次数不等，严重的每小时数次。病猪弓背，行动缓慢，被毛粗糙无光，体表不洁，食欲下降。病程长短不一，长的 1 周，短的 2～3 天，多数能自然康复，一般很少引起死亡。

【病理变化】 结肠内容物可见浆状、糊状、油状，并呈现乳白色或灰白色，常有部分黏附于黏膜上而不易完全擦掉。肠壁变薄，肠系膜淋巴结轻度肿胀，小肠内容物无明显变化，含有气泡，肠黏膜表现卡他性炎症。

【诊断】 根据 10～30 日龄仔猪发病，排乳白色或灰白色的糨糊状粪便，而死亡率不高的特点可做出初步诊断，确诊需靠实验室检验。

【类症鉴别】

（1）与仔猪黄痢的鉴别 两者均表现为突然腹泻。不同点是：仔猪黄痢的发病以 1～3 日龄内的仔猪多见，7 日龄以上仔猪很少发病，粪便呈黄色，内含凝乳块，剖检胃内充满凝乳块，肠内充满黄色稀薄内容物。而仔猪白痢发生于 10～30 日龄的仔猪，

7 日龄以内及 30 日龄以上仔猪很少发病，胃与小肠内充满灰白色液体。

（2）**与仔猪红痢的鉴别**　两者均表现为突然腹泻，排糊状粪便。不同点是：仔猪红痢多发生于 1 ~ 3 日龄仔猪，粪便呈红色，剖检空肠内充满红色液体。

（3）**与猪传染性胃肠炎的鉴别**　两者均表现为仔猪体温升高，出生后不久腹泻，剖检胃内有凝乳块。不同点是：猪传染性胃肠炎发病初期病猪表现呕吐，排水样、白色或绿色具腥臭或恶臭味的粪便，育成猪、母猪也感染发病。

（4）**与猪流行性腹泻的鉴别**　两者均表现出精神沉郁、腹泻等症状。不同点是：流行性腹泻是各种日龄的猪都会出现的腹泻，发病初期先排软便，后排水样稀便，剖检胃内充满凝乳块，小肠膨胀并充满黄色液体。

【预防措施】　目前有仔猪白痢全菌苗、纯化菌毛黏着素和基因工程活菌苗，前两种苗用于妊娠猪肌内注射，后一种苗用于 2 ~ 4 日龄仔猪或妊娠猪口服。

加强饲养管理，注意保温和保持环境干燥，提早补料，减少发病。

【治疗方法】　口服新霉素，10 ~ 15 毫克/千克体重，每天 2 次，连用 2 ~ 3 天。小檗碱、土霉素、磺胺脒、泻痢停、痢必净等用于治疗本病也有一定的效果，口服活的嗜酸性乳酸菌有较好的预防效果，鞣酸蛋白、活性炭对本病的康复有一定作用。

58　怎样诊治仔猪水肿?

仔猪水肿是由溶血性大肠杆菌产生的神经毒素和水肿毒素引起保育仔猪的一种肠毒血症，也叫小猪摇摆症，是以断奶猪全身或局部麻痹、共济失调、胃肠水肿、眼睑水肿为主要特征的疫病。

【流行特点】　仔猪水肿一般发生于断奶后的仔猪，发病虽然无明显季节性，但春、秋季多发，气候骤变，阴雨潮湿，蛋白饲料

过剩，粗饲料、微量元素、维生素缺乏是导致发病的主要原因。

【临床症状】 发病初期常见不到任何症状就突然死亡，发病缓慢的病猪精神沉郁，食欲不振，体温正常，步态不稳，短时间兴奋，肌肉震颤，叫声嘶哑。随着病情的发展，病猪前肢跪地，后肢直立，盲目冲撞，做圆圈运动。捕捉时十分敏感，触之惊叫，突然倒地，四肢乱弹，呈游泳姿势，口流泡沫，后期反应迟钝，呼吸困难，眼睑水肿（见彩图3-1），最后倒地死亡。

【病理变化】 病猪上下眼睑、颜面、下颌、头顶部皮下水肿，切开水肿部可见灰白色凉粉样胶状物，流出少量白色或黄白色液体。胃底部水肿最明显，将胃底切开，肌层与黏膜层之间有透明或茶红色胶冻样水肿液流出。肠系膜水肿，空肠鼓气。全身淋巴结充血、出血、水肿，肺脏水肿，心包、胸腔、腹腔内积液，呈无色或浅黄色，暴露空气后很快凝固成胶冻样。

【诊断】 根据发病前体质健壮，体温不高，眼睑水肿和神经症状，最后突然倒地死亡等可做出初步诊断，进一步确诊需靠实验室检验。

【类症鉴别】

（1）与猪瘟的鉴别 两者均表现出精神沉郁，眼睑水肿，有神经症状等。不同点是：猪瘟病猪体温升高，可发生于任何日龄的猪。而水肿病多发生于断奶后的仔猪，无体温反应。

（2）与硒缺乏症的鉴别 两者均表现为精神沉郁，食欲不振，体温不高，眼睑浮肿，多发于2个月龄体质健康的小猪。不同点是：硒缺乏症病猪临床表现昏迷、卧地不起，剖检四肢、躯干部肌肉颜色变浅，可见灰白色条纹状坏死灶。

（3）与营养不良性水肿的鉴别 两者均表现出精神沉郁，全身尤其是眼部水肿等症状。不同点是：营养不良性水肿不表现神经症状，任何日龄的猪都可发病，多半是由于饲料中蛋白质缺乏或乳汁摄入量不足所引起。

【预防措施】 采用本场分离的致病菌株制备灭活苗，用于本病的预防可取得一定的免疫效果。

加强饲养管理，保持圈舍清洁，定期消毒，提早补料，饲料多样化，仔猪出生后投喂土霉素，妊娠猪产前 15 天肌内注射亚硒酸钠注射液，断奶前内服促菌生，每天每头 2 克，连用 7 天。

【治疗方法】 病仔猪饲料中加入盐类泻剂，连用两天后内服新霉素、卡那霉素。静脉注射 15% ～ 25% 甘露醇注射液 100 ～ 250 毫升、10% 葡萄糖注射液 25 毫升，维生素 C 1 克，肌内注射 20% 安钠咖注射液 2 毫升、0.1% 亚硒酸钠维生素 E 注射液 2 毫升，每天 2 次，连用 1 ～ 2 天。

59 怎样诊治猪梭菌性肠炎？

猪梭菌性肠炎又称猪传染性坏死性肠炎，若发生于仔猪则称为仔猪红痢，是由 C 型产气荚膜梭菌引起猪的一种高度致死性肠毒血症。以发病猪病程短和病死率高为其主要特征。

【流行特点】 本病主要侵害 1 ～ 3 日龄新生仔猪，其他任何日龄的猪也可发生。病猪排血样稀便，肠坏死。育肥猪、成年猪的膘情虽然很好，但仍可发生猝死，一般呈散发性流行，病猪和带菌猪是主要传染源。

【临床症状】 最急性和急性型比较常见。临床表现精神不振，食欲减退，步态不稳、摇晃，体温不高或略有升高，腹泻，排红色液状稀便，有特殊腥臭味，含灰色坏死组织碎片，呈急性死亡；亚急性病猪排黄色软便，呈米粥状。

【病理变化】 最具特征性病变部位是空肠和肠系膜，腹腔有多量樱红色积液，空肠可见黑红色和土黄色坏死性肠炎病灶，肠内充满血样液体和气体，并含有坏死的组织碎片。肠系膜可见大小不一的气泡。心包液增多，心外膜有出血点。脾脏边缘、肾脏表面、膀胱黏膜有小点出血，肝脏、肺脏、十二指肠无明显变化。亚急性型病猪肠出血不严重，肠壁厚、无弹性，内壁附着一层灰黄色坏死性伪膜。

【诊断】 根据发病快、病程短，病死率高，体质健壮的猪也会发生，可做出初步诊断，确诊需靠实验室细菌学检验、动物试

验（泡沫肝试验）和中和试验等。

【类症鉴别】

（1）与猪传染性胃肠炎的鉴别 两者均多发生于10日龄仔猪，临床上表现为腹泻。不同点是：猪传染性胃肠炎，大、小猪均可感染，并且蔓延很快，但一般只有仔猪发生死亡。而梭菌性肠炎属散发，无论大、小猪一旦发病，都会导致急性死亡。

（2）与仔猪黄痢的鉴别 两者均表现为腹泻，仔猪的发病率和死亡率都很高。不同点是：仔猪黄痢发生于1～7日龄仔猪，同窝仔猪几乎全部发病，母猪表现健康，不出现临床症状。而猪梭菌性肠炎，无论大、小猪，发病时死亡率都很高，成年猪多呈散在发生。

（3）与仔猪白痢的鉴别 两者均是仔猪突然发生腹泻，排浆状、糊状粪便。不同点是：仔猪白痢多发生于10～30日龄，排白色稀便，具有特殊腥臭味，剖检肠壁菲薄，肠内容物空虚，可见大量气体和少量酸臭的乳白色或灰白色粪便。

（4）与猪流行性腹泻的鉴别 两者均表现为腹泻，10日龄内仔猪多发等特点。不同点是：猪流行性腹泻仔猪症状严重，死亡率高，育成猪发病后症状轻微，死亡少，小猪死亡后剖检，胃内可见黄白色凝乳块，小肠充满黄色液体，肠壁变薄。

【预防措施】 目前采用仔猪红痢氢氧化铝灭活苗（本场分离菌株效果好）进行免疫预防，有一定的效果。

加强饲养管理，对猪舍、场地、环境做好清洁卫生和消毒工作。

【治疗方法】 肌内注射梭菌性肠炎高免血清10～20毫升，早期还可口服用青、链霉素各6万单位/千克体重，每天2次，连服3天。口服螺旋霉素20～100毫克/千克体重，每天1次，连服3天，也有较好的治疗效果。

60 怎样诊治仔猪副伤寒？

仔猪副伤寒是由沙门氏菌引起猪的一种急性、热性传染病，其发病特征为病猪呈现败血症和坏死性肠炎症状，有时发生脑炎、脑膜炎、卡他性或干酪性肺炎。沙门氏菌可感染人，本病属人兽共患传染病。

【流行特点】 本病一年四季均可发生，但以春初、秋末气候多变季节多发。一般发生于 2-4 月龄仔猪，6 月龄以上或 1 月龄以下的猪很少发病。病猪和健康带菌猪是主要传染源，当饲养管理不善，卫生条件差、气候突变等因素使猪抵抗力降低时可诱发本病。

【临床症状】 本病可分为急性型（败血型）和慢性型（坏死性肠炎型）。前者多见于断乳前后的仔猪，病猪体温升高至 41 ~ 42℃，精神沉郁，食欲废绝，不愿行动，呼吸困难，腹泻，呕吐，耳根、胸前和腹下呈现暗红色或紫色斑块，多以死亡而告终。后者通常以腹泻为主要特征，病猪食欲下降，饮欲增加，粪便呈粥状，或排出灰白色或黄绿色恶臭水样粪便，有时混有血液和坏死组织碎片，最后由于持续腹泻、日见消瘦而导致衰竭死亡。

【病理变化】 急性型（败血型）可见耳、腹、四肢内侧皮肤有出血斑点，各脏器的浆膜、喉头、膀胱黏膜和肾脏均有出血点、脾脏肿大、边缘钝圆呈特征性的暗紫蓝色（见彩图 3-2）。淋巴结肿大出血，胃肠黏膜呈卡他性炎症。慢性型（坏死性肠炎型）病死猪尸体消瘦，盲肠、结肠黏膜呈局灶性或弥漫性增厚，被覆有灰黄色干酪样伪膜（俗称糠麸样病变），除去伪膜形成溃疡，溃疡边缘多无堤状隆起，形成可见的轮状环（见彩图 3-3）。脾脏稍肿大，肝脏有时可见黄灰色坏死小点，肺脏有慢性卡他性炎症，并含有黄色干酪样结节。

【诊断】 根据流行特点、临床症状、病理变化可做出初步诊断，由于本病易与猪瘟和猪链球菌相混淆，所以确诊需要进行病原学和血清学检验。

【类症鉴别】

（1）与败血型猪瘟的鉴别 两者均表现为体温升高，皮肤出

三

猪细菌病的诊治

75

现紫红色斑点。不同点是：败血型猪瘟脾虽不肿大，但有的病猪表现脾边缘梗死，皮肤有明显出血点、出血性红斑和坏死，会厌黏膜和泌尿系统黏膜常见出血点，淋巴结呈大理石样病变。而急性型仔猪副伤寒脾脏肿胀、坚实，多为增生性肿大，皮肤无明显变化，会厌黏膜和泌尿系统黏膜少见出血点，淋巴结呈髓样肿。

（2）与肠型猪瘟的鉴别 两者均表现为先腹泻后便秘，剖检盲结肠有溃疡面。不同点是：肠型猪瘟大肠表面可见纽扣状肿，中心凹陷或隆起，呈同心轮状，脾脏不肿大，但有梗死灶，淋巴结周边出血，似大理石样外观，会厌黏膜和泌尿系统黏膜常见出血点。慢性型仔猪副伤寒大肠表面平坦、不隆起，肉眼可见糠麸样伪膜，脾脏肿胀、坚实，皮肤的薄皮处有痂样湿疹，会厌黏膜和泌尿系统黏膜少见出血点。

（3）与猪肺疫的鉴别 两者均表现为体温升高，腹泻，皮肤可见出血斑。不同点是：猪肺疫可发生于各种年龄的猪，并以肺炎症状为特征。而仔猪副伤寒只有 2～4 月龄的猪敏感，以顽固性腹泻为特征。

（4）与猪痢疾的鉴别 两者均表现为体温升高，腹泻，粪便中可见带有血色的黏液。不同点是：猪痢疾病猪发病时间长，体质瘦弱，常见弓背，粪便呈黑红色或带有血块。

【预防措施】 接种仔猪副伤寒弱毒冻干苗和多价仔猪副伤寒灭活苗，对本病的预防效果较好。

加强饲养管理，自繁自养，切断传播途径，消除传染源。正确处理尸体和病猪排泄物，防止污染环境。

【治疗方法】 早期治疗，连续服药，定期更换药物，以免产生耐药菌株。庆大霉素、新霉素，每天 5～15 毫克/千克体重，分 2 次口服，连服 3～5 天。如能对分离的菌株做药敏试验，选择菌株敏感药物进行治疗效果更好。

61 怎样诊治猪链球菌病？

猪链球菌病是由链球菌属中致病性链球菌引起猪的多种疫病

的总称。其发病特征为病猪发生急性败血症、脑膜炎和关节炎。致病性链球菌可感染人，本病属人兽共患传染病。

【流行特点】 不同年龄的猪都可感染发病，但以新生仔猪、哺乳仔猪的发病率及死亡率最高，50千克以下育成猪、妊娠猪对败血性链球菌也比较敏感。成年猪发病率较低，病原菌既可通过伤口，也可通过呼吸道感染。

【临床症状】 病猪精神沉郁，食欲废绝，高热稽留，耳根、腹下、四肢内侧皮肤呈暗红色，并有出血点，便秘、腹泻，少数病猪步态蹒跚、转圈、共济失调，四肢呈游泳状划动，口吐白沫，突然倒地，最后衰竭麻痹死亡。急性不死的病猪转为亚急性型或慢性型，体温时高时低，一肢或几肢关节肿大，病程几天至1个月。

【病理变化】 急性败血型死亡的病猪，尸体营养良好或中等，胸部、腹下和四肢内侧皮肤可见紫红斑或暗红色出血点，皮下、皮内脂肪可见出血点。血液凝固不良，心包液增多呈浅黄色，心耳、心外膜及冠状沟脂肪常见出血点（见彩图3-4）。多数脾脏肿大，呈暗红色或紫蓝色，较易脆裂。肾脏充血，被膜下与切面上有时可见小出血点或出血斑。胃肠呈不同程度的充血、出血，腹腔大量积液，腹腔脏器表面附着丝状纤维素（见彩图3-5）。脑切面可见针尖大出血点。慢性关节炎病猪关节、皮下有胶样水肿，严重者关节周围化脓坏死，关节粗糙，内含黏液，有时流出浅黄色液体或脓液，内含干酪样黄白色块状物。

【诊断】 根据流行特点、临床症状和病理变化可做出初步诊断，必要时取病猪脏器做细菌培养与鉴定。

【类症鉴别】

（1）与猪瘟的鉴别 两者均表现为体温升高，精神萎靡和皮肤红斑。不同点是：猪瘟的病原为病毒，呈稽留热，其典型剖检病变为肾脏有贫血性出血点，淋巴结周边出血，盲结口处可见纽扣状溃疡，药物治疗无效。而猪链球菌病的病原为细菌，病猪腹泻，剖检全身淋巴结肿大出血，肾脏表现充血性出血点，肺呈化

脓性支气管炎病变，抗菌药物治疗有效。

（2）**与李氏杆菌病的鉴别** 两者均表现为体温升高，运动失调，后肢麻痹和神经症状。不同点是：猪李氏杆菌病皮肤不见红色斑，发病猪多呈现脑膜炎症状，如头颈后仰、四肢张开，呈观星姿势等，剖检脑膜充血水肿，肝脏、脾脏肿大，表面有灰白色坏死灶。涂片染色镜检可见革兰阳性杆菌。而猪链球菌病病猪腹泻，除脑膜炎型出现神经症状外，慢性型病猪多数表现关节炎，剖检肾脏有充血性出血点，病变组织或培养物涂片染色镜检可见革兰阳性链状球菌。

（3）**与猪丹毒的鉴别** 两者均表现为体温升高，精神萎靡，慢性型病猪关节肿胀、出现跛行等症状。不同点是：急性猪丹毒病猪皮肤发红，卧地不起，疹块型可见圆形或菱形的高出周边皮肤的红色、紫红色疹块，剖检脾脏肿大呈樱桃红色，肾脏瘀血、肿大，呈暗红色。脏器和疹块液涂片染色镜检可见革兰阳性细长杆菌。而猪链球菌病病猪有神经症状，也有关节炎症状，剖检肾脏有充血性出血点，涂片染色镜检可见单个、双个、链状的革兰阳性链状球菌。

（4）**与猪弓形虫病的鉴别** 两者均表现为体温升高，精神沉郁和皮肤红斑。不同点是：猪弓形虫病病猪皮肤的红斑与周围皮肤界限明显，肺脏表面有出血点，切面有泡沫样液体，肺门淋巴结肿大 2~3 倍，并可见粟粒大灰白色坏死灶，如将肺脏、肺门淋巴结涂片染色镜检，可见半月形的弓形虫。

【预防措施】 口服或注射猪链球菌弱毒苗，健康断奶猪、成年猪每头肌内注射 1 毫升或口服 4 毫升，口服时注意拌入凉水或饲料中饲喂，口服前停食停水 3~4 小时。菌苗稀释后限在 4 小时内用完，用苗前后 10 天最好不要使用抗菌药物。猪链球菌氢氧化铝灭活苗，仔猪、成年猪、妊娠猪均可使用，每头肌内注射 3~5 毫升，免疫期 6 个月。由于猪链球菌血清型比较多，各型之间交互免疫力不强，故使用当地分离菌株制备灭活苗预防效果较好。

加强饲养管理，搞好圈舍消毒，做好日常检疫，以防本病的传入。

【治疗方法】 原则是早用药，用足药，用药敏试验效果好的药物。试验证明，青霉素每次 200 万单位，每天 2 次，连用 3～5 天，或青霉素 200 万单位、20% 磺胺嘧啶钠注射液 10～20 毫升、益生冰点 5～10 毫升、维生素 C 注射液 5～10 毫升分别肌内注射，连用 2 天，效果较好。另外，新霉素、多西环素、先锋霉素等均有较好的治疗效果。肌内注射林可霉素治疗效果更佳，剂量为 5～10 毫克/千克体重，每天 1 次，连用 3～4 天。

62 怎样诊治猪传染性胸膜肺炎?

猪传染性胸膜肺炎是由胸膜肺炎放线杆菌引起猪的一种急性呼吸道传染病，本病以急性出血性纤维素性胸膜肺炎和慢性纤维性坏死性胸膜肺炎为特征。

【流行特点】 致病菌主要存在于病猪的呼吸道内，现已鉴定有 12 个血清型，不同品种、不同性别的猪都有易感性，但以 3 月龄仔猪最易感，常呈散发性流行和跳跃式传播，发病率和死亡率差异很大，急性型大多以死亡而告终，慢性型常能耐过，引入的带菌猪或慢性感染猪是本病的主要传染源。

【临床症状】 最急性型：常无先兆而突然死亡。急性败血型：体温升高至 41～42℃，病猪呼吸急促，呼吸极为困难，张口伸舌，表现痛苦，呈犬坐姿势和明显的腹式呼吸，口、鼻流出大量血水样渗出物，食欲减退，几天后耳、鼻、腿、体侧皮肤发紫，临死前鼻中流出带血的泡沫状液体。亚急性型和慢性型：体温一般不高，有不同程度的间歇性咳嗽，食欲不振，耐过者生长迟缓。

【病理变化】 胸壁内侧表面覆盖一层灰白色网状物与心包、肺脏发生粘连，不易分离（见彩图 3-6）。膈叶肺炎区变暗、变硬，与正常组织界限清晰，有时肺膈叶上可见散在的局灶性灰白色化脓灶。右肺局部增厚呈乳白色，变硬的肺炎区横切面布满大

小不等的白色包囊结节，结缔组织囊壁较厚，囊内充满坏死组织和石灰样钙化。皮肤和黏膜发绀，血液呈黑红色，凝固不良，腹腔内可见浅红色渗出液及纤维素性渗出凝块。肺脏严重瘀血、出血，呈暗红色或紫红色，切面呈现肝变，表面有一薄层灰白色纤维素性分泌物（见彩图3-7）。此外全身淋巴结肿大，色暗红，肾脏、十二指肠有出血点。

【诊断】 根据传播迅速，体温高达41.5℃，严重呼吸困难，口、鼻流出浅红色泡沫样液体，死亡率高，突然死亡，剖检可见特征性纤维素性坏死性肺炎、纤维素性胸膜肺炎以及肺炎的两侧性，肺的心叶、尖叶和膈叶肺呈紫色，切面似肝样，可做出初步诊断。

【类症鉴别】

（1）与猪肺疫的鉴别 两者均表现为呼吸道症状。不同点是：猪肺疫多呈散发，病猪咽喉部肿胀，呼吸困难，常呈犬坐姿势，剖检可见败血症和纤维素性炎症变化。而猪传染性胸膜肺炎发病突然，传播快，病猪呼吸困难，死亡率高，剖检可见肺脏和胸膜有特征性的纤维素性坏死和出血性肺炎，有时纤维素附着于肺脏表面，转为慢性时，肺脏表面纤维素附着物与胸膜粘连。

（2）与猪喘气病的鉴别 两者均表现为呼吸道症状。不同点是：猪喘气病传播慢、病程长、无体温反应，病猪反复咳嗽和气喘，病死率不高，剖检肺脏表现融合性支气管肺炎，心叶、尖叶和膈叶呈肉样实变。而猪传染性胸膜肺炎发病突然，传播快，病猪呼吸困难，死亡率高，剖检胸膜与肺脏有纤维素粘连。

（3）与猪链球菌病的鉴别 两者均表现为体温升高，呼吸困难。不同点是：猪链球菌病病猪高热稽留，耳根、腹下、四肢内侧皮肤呈暗红色，有出血点，便秘，腹泻，少数病猪步态蹒跚、转圈、共济失调，四肢呈游泳状划动，口吐白沫，突然倒地，最后衰竭麻痹死亡，剖检全身淋巴结肿大出血，肾脏肿大充血，胸、腹腔有多量积液，慢性型病猪关节肿大，内有液体或脓液。而传染性胸膜肺炎病猪呼吸急促，张口伸舌，表现痛苦，呈犬坐姿势，口、鼻流出大量血水样渗出物，剖检肺呈现纤维素性坏死和出血性肺炎。

（4）与猪瘟的鉴别 两者均表现为体温升高，食欲废绝，呼吸困难。不同点是：猪瘟病猪喜钻垫料，后躯软弱，有神经症状，剖检回盲瓣可见纽扣状溃疡，脾脏可见梗死灶。

【预防措施】 注射猪传染性胸膜肺炎灭活苗虽有一定的效果，但由于病原血清型多（目前国内已发现4个血清型），各型之间无交叉保护力，故用本地菌株制备灭活苗免疫效果较好。

加强饲养管理，搞好圈舍消毒，提高猪群基础免疫力，做好日常检疫，早发现、早控制。

【治疗方法】 肌内注射卡那霉素，10～15毫克/千克体重，每天2次，连用2～3天；或肌内注射庆大霉素，2～4毫克/千克体重，每天2次，连用3天，多西环素，3～5毫克/千克体重，每天1次，连用3天。注射林可霉素和特效米先，配合口服氧氟沙星，也有明显效果。另外，饲料中添加氧氟沙星、恩诺沙星也有一定的预防效果。

63 怎样诊治猪副嗜血杆菌病？

猪副嗜血杆菌病又称格拉瑟氏病，常在运输疲劳、捕捉等应激因素作用下，致使猪只抵抗力降低而引发猪副嗜血杆菌感染，故也称猪的运输病。由于病猪多脏器呈现纤维素沉着，所以又称纤维素性浆膜炎、关节炎、胸膜炎和心包炎，现已成为影响全球养猪业的重要疫病。

【流行特点】 猪副嗜血杆菌寄生在鼻腔等上呼吸道内，属条件性致病菌，只感染猪，主要侵害断奶前后的仔猪，发病率一般在10%～15%，严重时死亡率可达50%。其他日龄的猪也可感染发病，所引起的病变呈多发性。通过呼吸道和消化道途径传播。

【临床症状】 病猪体温升高至40.5～42℃，食欲不振、厌食，反应迟钝，呼吸困难，腕关节、跗关节肿大、跛行，全身颤抖，共济失调，可视黏膜发绀，随之侧卧死亡，急性感染猪的后

遗症是母猪流产，公猪慢性跛行。病猪消瘦，咳嗽，呼吸困难，跛行和被毛粗乱是本病的主要症状。

【病理变化】　肺脏表面、胸壁有大量纤维素性渗出物并粘连。腹腔积液，肠系膜上有大量纤维性渗出物，腹腔脏器表面纤维素性渗出物沉着和粘连（见彩图3-8）。腕关节和跗关节发生浆液性或脓性关节炎，关节腔有胶冻样渗出物。心包积液，心包液混浊，心脏表面有纤维素性附着物（见彩图3-9）。

【诊断】　根据病史、临床症状和病理变化，结合细菌培养鉴定可做出初步诊断，由于猪副嗜血杆菌娇嫩，很难成功培养，不少学者认为其真实发病率为报道的10倍之多。

【类症鉴别】

（1）与猪传染性胸膜肺炎的鉴别　两者均有体温升高、喘咳和呼吸困难等症状。不同点是：猪传染性胸膜肺炎发病急，呼吸急促，表现痛苦，呈明显腹式呼吸和犬坐姿势，口、鼻流出大量血水样渗出物。而猪副嗜血杆菌病以咳嗽、呼吸困难、消瘦、跛行和被毛粗乱为主要特征，剖检心包和心外膜有大量纤维素性渗出物，胸腔、心包腔、腹腔呈多发性浆膜炎。

（2）与气喘病的鉴别　两者均出现喘咳和腹式呼吸等症状。不同点是：气喘病多为个别猪只发病，病程较缓和。呈连声咳嗽，用支原体敏感药物治疗有效，猪副嗜血杆菌病则呈2～3声短咳，且多伴有体表和耳朵发绀、关节肿痛和脑膜炎等症状。

【预防措施】　注射猪副嗜血杆菌病灭活疫苗可以控制本病的发生，猪副嗜血杆菌有15个血清型，相互之间缺乏交叉保护，因此，采用本场分离菌株制备灭活疫苗的效果较好。

加强饲养管理，注意环境的清洁卫生，尽量减少或消除各种应激因素，做好日常检疫，早发现、早控制。

【治疗方法】　复方10%氟苯尼考-5%阿奇霉素注射液、30%氟苯尼考注射液或30%替米考星注射液，注射剂量为0.1毫升/千克体重，每天1次，连用3～5天。或肌内注射硫酸卡那霉素注射液，每次20毫克/千克体重，每天1次，连用5～7天。

64 怎样诊治猪丹毒?

猪丹毒是由猪丹毒杆菌引起猪的一种急性、热性传染病。其发病特征为：急性型呈败血症经过，亚急性型在皮肤上出现特异性的疹块，慢性型则表现非化脓性关节炎和疣状的心内膜炎。

【流行特点】　本病潜伏期为 3～5 天，发病无明显季节性，但以夏、秋季节发生较多。不同年龄的猪均可感染，但以 3～12 个月的育成猪发病率高，哺乳仔猪和老龄猪很少发生。病猪、带菌猪是主要传染源，可通过污染的饲料、土壤，经消化道或损伤的皮肤感染，一般呈散发或地方性流行。

【临床症状】　急性败血型：开始发病时，1～2 头猪往往无任何症状突然死亡，随后其他猪体温升高至 42℃ 以上，食欲废绝，行走摇摆，呼吸困难，黏膜发绀，发病几天后，胸部、腹部、四肢内侧及耳部皮肤出现大小不等的红斑，指压褪色，病末期心脏衰弱、体温下降，最后虚脱死亡。亚急性型：在皮肤上发生大小不等、形状不一的紫红色疹块，俗称打火印（见彩图 3-10）。慢性型：大多由急性、亚急性转变而来，主要临床症状为关节炎和心内膜炎。

【病理变化】　急性病死猪皮肤充血，呈弥漫性红色。脾脏充血、肿大、柔软，呈暗红褐色。肾脏呈黄褐色或暗红色，充血、肿大。肝瘀血，呈棕红色。胃、十二指肠、空肠黏膜肿胀，大肠无明显变化。亚急性病死猪除有特征性的皮肤疹块外，脾脏、肾脏也表现败血型变化。皮肤充血，呈弥漫性红色。脾脏充血、肿大、柔软，呈暗红褐色。慢性病死猪关节肿大，关节腔内可见浅黄色液体增多，关节囊增厚，关节变形（见彩图 3-11）。心内膜炎型常见于二尖瓣形成颗粒状增生物，外观似菜花样。

【诊断】　根据流行特点、临床症状、病理变化不难确诊，必要时进行细菌学或其他实验室检验。

【类症鉴别】

（1）与急性猪瘟的鉴别　两者均表现出体温升高，皮肤表面

三
猪细菌病的诊治

有出血斑点等症状。不同点是：猪瘟不分年龄、季节常年发病，病初便秘，后腹泻或便秘与腹泻交替发生，剖检淋巴结潮红，切面呈大理石样外观，脾脏不肿大，但边缘可见出血性梗死。而猪丹毒常发生于晚秋季节，6月龄育成猪多发，脾脏肿大，呈樱桃红色。

（2）**与猪肺疫的鉴别**　两者均表现出体温升高，皮肤表面有出血斑点等症状，不同点是：猪肺疫病猪咽喉部和颈部肿胀，呼吸困难，呈犬坐姿势。剖检咽喉黏膜下组织有大量浅黄色透明状液体。而猪丹毒病猪常表现败血症，精神高度沉郁，不食不饮，高热稽留，亚急性型病猪的皮肤出现特征性疹块，慢性型病猪常见疣性心内膜炎和浆液性纤维素性关节炎。

（3）**与猪败血型链球菌病的鉴别**　两者均表现出体温升高，皮肤表面有出血性斑点等症状。不同点是：猪败血型链球菌病各种年龄的猪均可发病，尤其是新生仔猪和哺乳仔猪发病率和死亡率更高，眼结膜潮红，有浆性鼻液，剖检各器官充血、出血，尤其肾脏可看到充血性出血点。

【预防措施】　猪丹毒常发地区要定期进行免疫注射，常用的疫苗有以下几种。

猪丹毒氢氧化铝灭活苗：体重10千克以上的断奶猪一律皮下注射5毫升，免疫期6个月，每年春、秋季各注射1次。

猪丹毒 G C42 弱毒苗和 G_4T 弱毒苗：使用时用20%铝胶盐水稀释，每毫升含7亿菌，大、小猪一律皮下注射1毫升，免疫期6个月；如口服每头2毫升，含菌14亿，免疫期6个月。疫苗稀释后必须在6小时内用完，否则影响免疫效果。

猪丹毒、猪肺疫氢氧化铝二联苗：断奶仔猪和成年猪皮下注射5毫升，免疫期6个月。

猪瘟、猪丹毒、猪肺疫三联苗：每头猪皮下注射1毫升，猪瘟免疫期1年，猪丹毒、猪肺疫免疫期各为6个月。

猪场发生猪丹毒时，要加强消毒，隔离病猪，对同圈猪和同舍猪尽快投入预防性用药，一般在饲料中添加土霉素和庆大霉素等抗菌药物。

【治疗方法】 肌内注射青霉素有良好的疗效，每千克体重1万～3万单位，每天2～3次，当临床症状消失后，继续用药2～3次，否则容易复发。也可用土霉素盐酸盐，每千克体重20～40毫克，溶于5%的葡萄糖液中肌内注射。也可用抗猪丹毒血清进行紧急治疗，仔猪每头肌内注5～10毫升，3～10月龄每头肌内注射30～50毫升，成年猪每头肌内注射50～70毫升，隔日再注射1次，如能与抗菌药物配合使用疗效更佳。

65 怎样诊治猪肺疫？

猪肺疫又称猪巴氏杆菌病，是由巴氏杆菌引起猪的一种急性、热性、败血性传染病。急性型以败血症、炎性出血和胸膜肺炎为特征，畜、禽和野生动物均可感染发病。

【流行特点】 潜伏期为1～5天，发病无明显季节性，以气候多变、忽冷忽热、高温高湿季节多发。各种年龄的猪均易感染，但以小猪和育成猪的发病率较高。病猪和健康带菌猪是主要传染源，病原体通过病猪的分泌物和排泄物等污染周围环境，通过消化道和呼吸道传播。本病一般呈散发性或地方性流行。

【临床症状】 本病按病程可分为最急性型、急性型和慢性型。

最急性型：病程1～2天，呈败血症变化，常突然死亡。病程稍长的体温升高至41℃以上，拒食，呼吸困难，可视黏膜发绀，皮肤出现紫红斑，咽喉部肿胀，发热坚硬，俗称锁喉风，口、鼻流出泡沫，伸颈张口呼吸，呈犬坐姿势，最后窒息死亡。

急性型：病初体温升高至40～41℃，呼吸困难，先干咳后湿咳，可视黏膜呈蓝紫色，有鼻汁和脓性眼分泌物，先便秘后腹泻，呈犬坐姿势，触诊胸部疼痛，后期皮肤有紫红色斑或小点出血。

慢性型：主要表现持续性咳嗽与呼吸困难，鼻流黏液性分泌物，精神沉郁，食欲减退，渐进性消瘦，有时关节肿胀，皮肤发生湿疹，病程在 2 周以上，多半因衰竭而死亡。

【病理变化】

最急性型：可见浆膜、黏膜点状出血，咽喉部及周围组织可见出血性浆液性炎症，皮下组织有多量浅黄色胶冻样水肿液，全身淋巴结肿大，切面呈一致红色。肺脏充血、水肿，可见红色肝变区。

急性型：除败血症变化外，还表现为纤维素性肺炎，胸膜上常见纤维素性附着物，甚至与胸膜粘连。肺脏有大小不等的肝变区，肝变区切面呈大理石样。

慢性型：肺组织肝变区较大，并有大块坏死灶或化脓灶，有的坏死灶周围形成结缔组织包囊与胸膜粘连。

【诊断】 根据流行特点、临床症状和病理变化可做出初步诊断，确诊需做实验室检验。

【类症鉴别】

（1）与败血型猪丹毒的鉴别 两者均表现出精神沉郁、皮肤变色等症状。不同点是：猪丹毒有类似于最急性型猪肺疫的败血性症状，但无猪肺疫那种咽喉部肿大和呼吸困难的表现。猪丹毒肾脏瘀血肿大，呈暗红色，脾脏肿大，呈樱桃红色。

（2）与急性咽喉型炭疽的鉴别 两者均表现出体温升高、精神沉郁、呼吸困难、咽喉部肿胀等症状。不同点是：咽喉型炭疽主要侵害颌下、咽喉和颈前淋巴结，肺部没有明显的炎症病变。涂片染色镜检可见到带荚膜的大杆菌，而猪肺疫可见两极浓染的球形短小杆菌。

（3）与猪传染性胸膜肺炎的鉴别 两者均表现出体温升高、精神沉郁、呼吸困难、皮肤变色等症状。不同点是：猪传染性胸膜肺炎的病变局限于呼吸系统，肺脏肝变区呈一致的紫红色。而猪肺疫肺炎区常有红色肝变和灰色肝变混合存在。涂片染色镜检，猪肺疫病原为两极浓染的巴氏杆菌，猪传染性胸膜肺炎的病原为球杆状的放线杆菌。

（4）与猪气喘病的鉴别 两者均表现出精神沉郁、呼吸困难等症状。不同点是：猪气喘病主要表现咳嗽和气喘，体温不高，全身症状轻微，肺炎病变呈胰样或肉样，界限明显，两侧肺叶病变基本对称，无坏死或化脓趋向。

（5）与猪弓形虫病的鉴别　两者均表现出体温升高、呼吸困难、皮肤可见紫红斑点等症状。不同点是：猪弓形虫病患猪皮肤上所发生的紫红色斑与健康皮肤界限明显，剖检肺脏表面可见出血点，切面流出泡沫样液体，肠系膜淋巴结肿胀如绳索状，切面多汁，可见粟粒大的灰白色病灶。回盲口有浅溃疡面。将肺脏、肺门淋巴结涂片染色镜检可见半月形的弓形虫。

（6）与猪流行性感冒的鉴别　两者均表现出体温升高、呼吸急促、痉挛性咳嗽等症状。不同点是：猪流行性感冒多发生于冬季，发病迅速，传播快，往往在几天内可感染全群，病猪肌肉强硬，发病率高，死亡率低，有鼻液流出，但无咽喉部肿胀。

【预防措施】　预防猪肺疫的菌苗有 3 种：一是内蒙系猪肺疫弱毒苗，大、小猪一律拌料口服 3 亿活菌，免疫期 10 个月；二是猪肺疫 EO-630 弱毒苗，肌内或皮下注射 1 毫升，免疫期 6 个月；三是猪肺疫 A 型弱毒苗，也具有较好的免疫效果。可根据本场情况选用适宜菌苗，于仔猪断奶时或春、秋季 2 次进行免疫。免疫前后 7～10 天停用抗菌药物。

加强饲养管理，改善环境卫生条件，消除可能降低抗病力的因素，防止过热、过冷、拥挤、潮湿、饲料突变等，定期消毒圈舍。

【治疗方法】　肌内注射青霉素 80～240 万单位、10% 磺胺嘧啶 10～20 毫升，每天 2 次，连用 3 天。45 千克以上猪用链霉素 2 克、10% 氨基比林 20 毫升肌内注射，间隔 6 小时注射 1 次，连用 2 次。或庆大霉素 1～2 毫克/千克体重、四环素 7～15 毫克/千克体重，每天 2 次，直到体温下降为止。若与猪肺疫抗血清同时使用，治疗效果更加可靠。

66 **怎样诊治猪炭疽?**

猪炭疽是由炭疽杆菌引起人畜共患的急性、热性、败血性传

三

猪细菌病的诊治

染病，以草食兽最敏感，猪对本病有较强的抵抗力，大多呈隐性或慢性经过，缺乏明显的临床症状，往往在屠宰检验时才能发现。

【流行特点】 主要传染源是病畜或病畜尸体的血液、脏器、分泌物和排泄物等。上述脏器中含有大量菌体，当菌体芽胞污染饲料后，可经消化道感染。本病常呈地方性流行，尤其是在炎热多雨的夏季更容易发生。

【临床症状】 病猪体温升高，精神沉郁，声音嘶哑，颈部活动不灵，严重时呼吸困难，可视黏膜发绀，咽喉部明显肿大。肠型炭疽也可能发生呕吐、腹泻或便秘，粪便带血。

【病理变化】 病死猪有明显的咽炎，咽喉部可见黄色胶样浸润，颈下淋巴结肿大、出血、坏死，切面干燥无光泽，呈砖红色，扁桃体肿大坏死。肠型炭疽多局限于小肠，呈现出血性肠炎和出血性淋巴结炎。急性败血型炭疽发生比较少，可见尸僵不全、腹胀，血液呈煤焦油色、凝固不良，全身各部位广泛性出血。

【诊断】 由于猪炭疽多呈慢性、隐性经过，所以诊断比较困难，一般靠细菌学和血清学诊断。

【类症鉴别】

（1）与猪肺疫的鉴别 两者均表现为咽喉部肿胀。不同点是：急性猪肺疫发病快，颈下咽喉水肿，切开颈部皮肤可见胶冻样浅黄色纤维素性浆液，呼吸极度困难，口、鼻流出泡沫样黏液，剖检脾脏不肿大，肺脏有不同程度的肝变区，切面呈大理石样外观。而猪炭疽一般发病慢，下颌淋巴结肿大，切面呈砖红色或红棕色，脾脏肿大，血液似煤焦油样。血液涂片染色镜检，可发现具有荚膜的单个、成双或呈短链排列的革兰阳性大杆菌。

（2）与猪水肿病的鉴别 两者均表现出头、颈、胸部水肿症状。不同点是：猪水肿病发生于膘情好的断奶猪，表现眼睑和头部皮下水肿，剪开水肿的胃壁可见到黄色胶冻样液体流出。而猪炭疽病猪可发生于任何日龄，脾脏肿大，胃壁不肿大，也不会流出黄色胶冻样液体,只是血液似煤焦油样。

（3）**与猪痢疾的鉴别** 肠型炭疽与猪痢疾均表现肠系膜淋巴结肿大,粪便夹杂血液等症状。不同点是:猪痢疾病程长,粪便中含有血液,剖检肠道肿胀,肠腔充满黏液和血液,病猪多因消瘦衰竭而死。而猪肠炭疽常表现呕吐、便秘和腹泻,剖检肠黏膜肿胀、坏死,变厚。

（4）**与猪败血性链球菌病的鉴别** 两者均表现出体温升高、呼吸困难、血液不易凝固等症状。不同点是:猪败血性链球菌病病猪耳根、腹下、四肢内侧皮肤呈暗红色并有出血点,少数病猪步态蹒跚、转圈、共济失调,四肢呈游泳状划动,口吐白沫,突然倒地,最后衰竭麻痹死亡。

【预防措施】 采用无毒炭疽芽胞苗和Ⅱ号炭疽芽胞苗预防接种,前者于耳根或后腿内侧皮下注射0.5毫升,免疫期1年。后者可在耳根或股内侧皮下注射1毫升,皮内注射0.2毫升,免疫期1年。对于体弱、体温升高、年龄小于1月龄的仔猪及产前2个月的母猪均不能注苗。发病地区的病猪,可一侧皮下注射炭疽芽胞苗,另一侧皮下注射抗血清。

发生炭疽病时应迅速查明疫情,划定疫区进行封锁,隔离病猪并扑杀销毁,粪便、垫料应焚烧,被污染的土壤应用漂白粉消毒后,铲除15厘米并垫以新土。

【治疗方法】 对炭疽病猪原则上不进行治疗,而是扑杀做无害化处理,贵重种猪可进行治疗。肌内注射抗炭疽血清小猪每头30～50毫升,成年猪50～80毫升。青霉素1～3万单位/千克体重,每6小时注射1次,连用3天。链霉素10～20毫克/千克体重,每天注射1～2次,连用3天。

67 怎样诊治猪布氏杆菌病?

布氏杆菌病是由布氏杆菌引起人和多种动物共患的一种传染病,猪布氏杆菌病的发病特点是母猪流产和公猪发生睾丸炎。

【流行特点】 各年龄和各品种猪均易感,常呈地方性流行,

病初少数公猪出现睾丸炎，然后大批母猪流产，也有许多病猪很长时间不孕，一般持续1~2年。病猪和带菌动物是本病的主要传染源，可通过消化道、交配、皮肤伤口等途径感染。母猪在流产期间，布氏杆菌随流产胎儿、胎水、胎衣排出体外，污染地面、饲料、饮水、垫料及外界环境。猪对猪型布氏杆菌易感性最高，对羊型布氏杆菌也有感染性，对牛型布氏杆菌的感染性低。6~7月龄以上的猪感染性强，通常在性成熟之后感染猪才出现症状，一般认为公猪和母猪发病率高，妊娠猪尤其第一胎母猪发病率更高。去势后的育肥猪感染率低。

【临床症状】 第一胎妊娠猪感染该布氏杆菌易发生流产，最早在妊娠2~3周，最晚在接近分娩期时流产，以妊娠1~3个月流产者多见。早期流产时母猪可将胎儿胎衣吃掉，不易发现。母猪流产时表现精神沉郁，阴唇和乳房肿胀，阴道流出黏液性或脓性分泌液，流产后个别胎衣滞留。有的母猪体温正常，没有流产征兆，但可产下死胎，并从阴道中排出黄白色带恶臭的脓性分泌物，同时出现子宫炎，母猪不孕。有的母猪流产后表现腹泻，乳房水肿，精神差，食欲减退。多数母猪流产后转入隐性，照常配种妊娠产仔。公猪发生睾丸炎和附睾炎，单侧或双侧睾丸肿大，触之有痛感，久之导致睾丸和附睾萎缩，失去繁殖能力。还有的病猪两后肢或一后肢跛行、瘫痪，发生关节炎和皮下组织脓肿。

【病理变化】 公猪睾丸、附睾和贮精囊呈现化脓性炎症病灶，睾丸显著肿大，切面可见坏死病灶和脓肿。母猪子宫黏膜有粟粒大的灰黄色小结节，胎膜上可见大量出血点，表面覆盖一层灰黄色渗出物。如果胎儿死亡，就会出现败血症变化，肘、膝、肩甲等处关节囊肿大、发炎和化脓。睾丸淋巴结、乳房淋巴结肿胀，切面多汁，有脓肿及灰黄色坏死病灶。肝脏、脾脏、肺脏也可表现脓肿和坏死性病灶。

【诊断】 猪群中妊娠猪大批流产，公猪出现睾丸炎，有的猪发生关节炎和跛行症状时，应怀疑猪群中是否有布氏杆菌感染。确诊需要进行血清学和变态反应检查。

【类症鉴别】

（1）**与猪衣原体病的鉴别**　两者均表现出妊娠猪流产和产死胎、公猪睾丸炎等症状。不同点是：衣原体病的病原为衣原体，病猪体温一般不高，临床上可见到肺炎、脑炎、多发性关节炎，剖检肺部肿大，子宫内膜充血水肿，并有坏死灶。而布氏杆菌病的病原体是布氏杆菌，流产多发生于受胎3个月的妊娠猪，产后胎衣常滞留不下，剖检子宫黏膜呈现化脓性病灶，也可见小米粒大的灰黄结节。

（2）**与猪流行性乙型脑炎的鉴别**　两者均表现为体温升高，母猪流产、产死胎，公猪出现睾丸炎。不同点是：猪流行性乙型脑炎常在夏、秋季节突然发生，病猪体温升高，高热稽留，有乱冲乱撞的神经症状。公猪睾丸常呈一侧性肿胀。剖检脑和脊髓充血、水肿。而猪布氏杆菌病多发生于春、秋两季，不表现神经症状，剖检四肢皮下脓肿。

（3）**与猪伪狂犬病的鉴别**　两者均表现为体温升高，母猪流产、产死胎，公猪出现睾丸炎。不同点是：猪伪狂犬病仔猪表现咳嗽，流鼻液，呼吸困难，口吐白沫，腹泻，运动失调，抽搐，有神经症状，最后昏迷衰竭死亡。而猪布氏杆菌病只表现关节炎症状，不表现呼吸道和神经症状。

（4）**与猪细小病毒的鉴别**　两者均表现出母猪流产、产死胎的症状。不同点是：猪细小病毒病多发生于头胎母猪，一般体温不高，除母猪流产外，无其他任何临床表现。

（5）**与弓形虫病的鉴别**　两者均表现为体温升高和母猪流产。不同点是：弓形虫病呈高热稽留，呼吸困难，耳、鼻端出现瘀血斑，肺实质中有小米粒大的白色坏死灶，磺胺药物治疗有一定的效果。将肺脏、肺门淋巴结涂片染色镜检，可见半月状弓形虫。

【预防措施】　布氏杆菌猪型二号弱毒冻干苗，免疫期1年，可采用皮下注射、口服、饮水、气雾等方法免疫。

加强饲养管理，坚持自繁自养，不从疫区购买畜产品和饲

三

猪细菌病的诊治

料，猪群中出现阳性病猪时，应定期对全群检疫，淘汰所有阳性猪，并对污染和可能污染的运动场、圈舍进行消毒，必须引进种猪时，应严格检疫，隔离观察，确定为阴性猪方可合群饲养。

【治疗方法】 对患病猪一般不予治疗，应尽早淘汰，以消灭传染源。

68 怎样诊治猪传染性萎缩性鼻炎?

猪传染性萎缩性鼻炎是由支气管败血波氏杆菌引起猪的一种以鼻甲骨萎缩、颜面部变形或歪斜、病猪生长缓慢为特征的慢性传染病。

【流行特点】 病猪和带菌猪是主要传染源，由空气飞沫经呼吸道传播，本病在猪群中传播较慢，多为散发。各种品种、年龄的猪均有易感性，但以长白猪和2~5月龄的育成猪易感性最强。

【临床症状】 体温正常，发病初期表现为打喷嚏、打鼾、吸气困难，鼻孔流出少量清鼻液或黏性脓液。由于鼻腔遭受刺激，病猪不安、摇头、拱地、摩擦鼻部，有时可发生鼻出血。随着病情加重，鼻甲骨开始萎缩，颜面部变形，鼻歪斜，鼻腔长度缩短，上颌骨变形，门齿咬合不正。断奶前感染的猪常表现为鼻甲骨萎缩，断奶后感染的猪不出现或仅表现轻微鼻甲骨萎缩。3~4日龄的仔猪表现呼吸困难，咳嗽剧烈，极度消瘦，整窝仔猪发病死亡，而产仔母猪不表现任何临床症状。

【病理变化】 鼻腔软骨、鼻甲骨软化并萎缩，特别是下鼻甲骨的下卷曲最常见，严重时鼻甲骨消失，鼻中隔弯曲，鼻腔成为一个鼻道。鼻腔内有大量黏液脓性或干酪样渗出物。病变转移到筛骨时，除去筛骨前面的骨性障碍后，可见大量的黏性或脓性渗出物积聚。

【诊断】 根据临床症状、病理变化不难做出诊断，确诊需靠实验室细菌分离、血清学检验和动物试验。

【类症鉴别】

（1）与猪传染性坏死性鼻炎的鉴别 两者均多发生于仔猪，

以鼻腔流出脓性鼻液为特征。不同点是：猪传染性坏死性鼻炎的病原体为坏死杆菌，主要发生于外伤之后，引起软组织和骨组织的坏死、腐臭并形成溃烂或瘘管，从而导致呼吸困难。

（2）与猪普通鼻炎的鉴别　两者均表现出打喷嚏、流鼻液等症状。不同点是：普通鼻炎不出现鼻盘上翘和歪鼻、歪嘴现象，剖检也看不到鼻甲骨萎缩。

（3）与猪骨软病的鉴别　两者均表现为鼻腔肿大。不同点是：猪骨软病虽表现鼻部肿大变形，骨质疏松，但鼻甲骨不萎缩，也不表现打喷嚏和流眼泪的临床症状。

【预防措施】　猪传染性萎缩性鼻炎灭活苗，使用时每头猪每次皮下或肌内注射 2 毫升。

加强饲养管理，注意消毒，不从疫区引进猪只，必须引进猪只时，要隔离检查，证实无病方可合群。对发病猪场严格检疫，淘汰有症状和可疑病猪。对断奶仔猪采取全进全出的饲养模式，避免刚断奶仔猪与已断奶仔猪及成年猪接触，培育健康猪群。

【治疗方法】　大多数菌株对卡那霉素、庆大霉素、新霉素敏感，发病时可从鼻腔注入 1%～2% 硼酸溶液或 0.1% 高锰酸钾溶液，也可用 1% 盐酸金霉素溶液冲洗鼻道，同时肌内注射链霉素，1 月龄仔猪注射 10 万单位，4 月龄仔猪注射 15 万单位，每天 2 次，连用 3 天。给初生仔猪注射猪萎缩性鼻炎高免疫血清，可起到一定的治疗作用和预防效果。

69 怎样诊治猪结核病？

结核病是由结核分枝杆菌引起人和多种家畜、家禽及野生动物共患的一种慢性传染病。猪结核病以渐进性消瘦、组织器官内形成结核结节和干酪样钙化坏死灶为特征。

【流行特点】　对猪致病的结核杆菌有人型、牛型和禽型。牛结核病流行地区，常由结核病病牛传染给猪，结核分枝杆菌常通过泔水而感染猪，猪、鸡、牛混养可大大增加猪的感染机会，常经过消化道、呼吸道及损伤的皮肤黏膜而感染。猪结核病一般呈

散发性流行，发病率和死亡率不高。

【临床症状】　结核病猪一般生前不表现明显的临床症状，只有发病严重的病猪才表现消瘦、咳嗽、气喘。

【病理变化】　咽部、颈部和肠系膜可形成拇指至拳头大的淋巴结核，不热不痛，表面凹凸不平，并与周围皮肤黏膜粘连，硬结化脓，破溃后长期排出脓液和干酪样物质。发生肠结核时常导致病猪腹泻。一般见不到全身性结核，偶尔可在肝脏、肺脏等器官见到结核，剖检可见结核病灶坚实、隆起，呈灰色或灰黄色，中心干酪样坏死或钙化，周围界限比较明显，而呈弥漫性增生者无明显干酪样坏死，周围界限也不明显。

【诊断】　根据流行特点、病理变化可做出初步诊断，确诊需靠实验室细菌学检查和动物试验，及结核菌素变态反应试验。

【预防措施】　在生产中对猪群并不注射结核病菌苗，对发病猪也不进行治疗，而是对发病猪群采取多次检疫，及时淘汰阳性病猪，并对污染场地和用具用20%石灰水或20%漂白粉溶液彻底消毒。

宰后检验时注意检查咽部、颈部及肠系膜的淋巴结，发现结核病变应将局部废弃深埋。猪群内发生结核病时，应查明原因，并采取相应措施。猪、牛、鸡分开饲养，开放性结核病人不能从事养猪工作，更不能使用结核病医院的残羹喂猪。

70 怎样诊治猪支原体肺炎？

猪支原体肺炎又称猪气喘病、猪喘气病、地方流行性肺炎，是由猪支原体引起猪的一种接触性慢性呼吸道传染病。其发病特征是广泛性咳嗽和气喘，长期生长发育不良，饲料利用率低，死亡率不高，在有其他继发性病原体感染时可造成严重死亡。

【流行特点】　本病一年四季均可发生，各种猪都有易感性，但以哺乳仔猪和幼猪发病较多，死亡率高，其次为妊娠后期及哺乳母猪。肥育猪和其他母猪以慢性和隐性感染为主，很少出现临床症状。新疫区猪群发病时，多呈现暴发性流行，发病率和病死率均高。老疫区则呈慢性或隐性经过。病猪及隐性感染猪为主要传染源，经呼吸道传播，病原体主要存在于病猪的呼吸道及肺内，病猪在咳嗽、气喘和打喷嚏时排出病原体。病猪痊愈后半年至1年仍可排出病原菌。

【临床症状】 急性型：常见于新疫区的病猪，以仔猪、妊娠猪和哺乳母猪多见。猪群突然发病，张口喘气，呼吸次数剧增，口、鼻流泡沫，发出类似拉风箱的哮鸣声，咳嗽少而低沉，有时发生痉挛性阵咳，呈现犬坐姿势，腹式呼吸，病猪体温正常。当发生继发感染时体温升高，食欲减退或废绝，病程3~5日。

慢性型：急性不死的转为慢性，长期咳嗽，以清晨或晚间、运动及采食后更为严重，咳嗽时病猪站立不动，弓背，颈伸直，头下垂，直到呼吸道中分泌物咳出咽下为止。随着病程延长，出现不同程度的呼吸困难，呼吸次数增加，多呈腹式呼吸，夜静时听到呼吸困难的鼻鼾声，症状时轻时重，病猪常流鼻液，眼有分泌物，可视黏膜发绀，食欲稍有减少，体温不高，病程长达2~3个月，甚至6个月以上。

隐性型：饲养管理条件较好时，病猪不表现任何症状，偶见咳嗽和气喘，全身状况无明显变化，仍能照常肥育，但以X线检查或剖检可发现肺部有不同程度的肺炎变化。

【病理变化】 肺脏膨大、水肿和气肿，早期病变发生在肺尖叶和心叶上，从粟粒大至绿豆大逐渐扩展融合成多叶病变，即融合性支气管肺炎，肺脏呈浅灰色或灰红色半透明状。病变界限明显，似鲜嫩肌肉样，通常称肉变。病变部切面湿润致密，常从小支气管流出灰白色浑浊带泡沫的浆液或黏液。随病程延长，病情加重时，病变部呈浅紫色或深紫红色，坚韧度增加，通常称为胰变或虾肉样变。恢复期病变逐渐消散，肺小叶间结缔组织增生硬化，肺脏表面下陷，周围肺组织膨胀不全。肺门和纵膈淋巴结肿大，呈灰白色，切面外翻湿润。

【诊断】 根据流行特点、临床症状和病理变化可做出初步诊断，确诊需进行实验室细菌学和血清学检验。

【类症鉴别】

（1）**与猪肺疫的鉴别** 两者均表现气喘、咳嗽。不同点是：猪肺疫呈散发性或地方性流行，有明显败血症变化，急性发病者很快死亡，剖检可见败血症病变和纤维素性肺炎，从病猪肺脏和心血中可分离出多杀性巴氏杆菌。

（2）**与猪流行性感冒的鉴别** 两者均表现出体温升高，有呼吸道症状。不同点是：猪流行性感冒在临床上呈急性经过，突然暴发，迅速蔓延，病程短，发病率高，死亡率低，在短期发病后能够很快停息。

（3）**与猪肺丝虫病和猪蛔虫病的鉴别** 三者均有咳嗽症状。不同点是：猪肺丝虫病和猪蛔虫病经驱虫后咳嗽可逐渐消失，检查病变部和粪便时可发现虫卵和虫体。

【预防措施】 目前采用猪支原体肺炎灭活苗免疫，仔猪、后备猪皮下或肌内注射 2~3 毫升，免疫期为 4~6 个月，疫区每 6 个月免疫 1 次。

自繁自养，杜绝病原进入，原则上不从外地引进猪只，必须引进种猪时，严格隔离检查 3 个月，采用 X 线检查 2~3 次确认无本病方可混群。对于疫区或发病猪场，利用康复母猪或培育无特定病原猪，建立健康猪群。有价值的母猪经 1~2 个疗程治疗，确认无症状时方可进行配种，在隔离舍中产仔，如果观察到断奶后无临床症状，经 X 线检查证明为健康猪，可隔离饲养。

【治疗方法】 肌内注射土霉素 50 毫克/千克体重，首次注射用量加倍，卡那霉素 2~4 万单位/千克体重，交替使用，每天 1 次，连用 5 天。或肌内注射恩诺沙星 2.5 毫克/千克体重，每天 2 次，连用 5 天。

71 怎样诊治猪衣原体病？

猪衣原体病是由鹦鹉热衣原体引起猪的一种接触性传染病，以流产、肺炎、脑炎、多发性关节炎为特征。人和其他动物也可感染，通常为隐性感染。

【流行特点】 各种年龄的猪均可感染，主要经呼吸道、消化道、生殖道感染。病猪和隐性感染猪是主要传染源，而禽类、鸟类、啮齿类、哺乳类等动物也可携带病原成为传染源。

【临床症状】 本病典型症状是妊娠猪流产、产死胎、产出无活力的弱仔，初产母猪流产率为40%～90%。种公猪感染时，基础母猪群也会大批发病，流产无先兆，很少有体温升高现象。公猪常出现睾丸炎、尿道炎。断奶仔猪易感，呈现稽留热，精神沉郁，皮肤震颤，后肢瘫痪，高度兴奋、尖叫，突然倒地，四肢呈游泳状，病死率为20%～60%。

【病理变化】 前期流产胎儿仅见带血色的皮下水肿，体腔渗出液增多，清亮呈红色。接近足月流产的胎儿，外表看来新鲜、洁净，皮下和肌肉有出血斑点，有不同程度的含血性水肿，尤以脐、腹股沟、鼻背和脑后最为严重。病死猪以肺部病灶为主，呈现不规则凸起，并连成片，质地坚硬，往往扩散到肺组织深部，病灶与健康肺组织界限明显。

【诊断】 根据流行特点、临床症状、病理变化可做出初步诊断，确诊需做病变组织涂片镜检、间接血凝试验等。

【类症鉴别】

（1）与猪布氏杆菌病的鉴别 两者均表现为妊娠猪流产、产死胎和公猪出现睾丸炎。不同点是：布氏杆菌病多呈慢性发作，母猪阴门流出血色黏液，胎衣不滞留。用布氏杆菌病试管或平板凝集试剂检测时出现阳性反应。

（2）与猪细小病毒病的鉴别 两者均表现为妊娠猪流产、产死胎等症状。不同点是：患细小病毒病的妊娠猪能够重新发情，食欲正常，不表现任何其他临床症状，公猪不表现睾丸炎。

（3）与猪伪狂犬病的鉴别 两者均表现出妊娠猪流产、产死胎、弱仔等症状。不同点是：患伪狂犬病的母猪发病时多呈一过性，很少引起死亡，新生仔猪刚出生时看起来似乎很健康，但1～2天后，突然发生昏迷，口吐白沫，四肢呈游泳状划动，呼吸困难，最后惊叫死亡。

（4）与猪繁殖与呼吸综合征的鉴别　两者均表现出妊娠猪流产、产死胎、弱仔等症状。不同点是：患猪繁殖与呼吸综合征的妊娠猪体温升高，不食，呼吸困难，流产多发生于预产期的前1周或后1周，一般多产出死胎。

（5）与猪支原体肺炎的鉴别　两者均表现出肺炎症状。不同点是：患猪支原体肺炎母猪不发生流产，公猪不出现睾丸炎。而猪衣原体病则发生母猪流产和公猪出现睾丸炎。

【预防措施】　目前我国已制备衣原体多价油乳剂灭活苗，并在生产实践中逐步应用，取得了预期的免疫效果。

加强饲养管理，严格检疫制度，对病猪舍和场地彻底消毒，尸体要焚烧或深埋。

【治疗方法】　四环素类抗菌药物可作为首选药物，但在早期需大剂量投药，以维持体内有效血药浓度。母猪每吨饲料拌四环素400克，连用21天。仔猪肌内注射多西环素1～3毫克/千克体重，每天1次，连用5天。或肌内注射1%土霉素1毫升/千克体重，每天1次，连用5天。

72　怎样诊治猪痢疾?

猪痢疾俗称猪血痢，是由猪痢疾密螺旋体引起猪的一种危害严重的肠道传染病，临床上以黏液性或出血性下痢为特征。

【流行特点】　各种猪均可感染发病，最常发生于断奶后的育成猪，其发病率可达90%，乳猪和成年猪较少发病，病猪和无症状带菌猪是主要传染源，应激因素（如气候变化、饥饿、拥挤、饲料改变）的存在可促使本病的发生和流行。

【临床症状】　病初排出黄色至灰色软便，体温升高至40～40.5℃。当腹泻继续发展时，粪中混有血液、黏液、纤维碎片，排泄物呈油脂样或胶冻状，粪便呈棕色、红色或黑红色。病猪弓背吊腹，饮欲增加，脱水，迅速消瘦而死亡，病程1～2周，不死者转为慢性，临床表现为时轻时重的黏液性、出血性下痢，病猪生长发育受阻，常呈恶病质状态。

【病理变化】 急性病猪的典型病变为卡他性、出血性大肠炎，表现肠道肿胀，黏膜充血和出血，肠内容物稀薄，混有黏液和血液。亚急性和慢性病死猪呈现纤维素性、坏死性大肠炎，在肠黏膜表面形成伪膜，外观似麸皮和豆腐渣样，剥去伪膜露出浅表的糜烂面。在发病的各个时期，尤其是急性期，在黏膜表层和腺窝内可查到猪痢疾密螺旋体。

【诊断】 根据流行特点、临床症状和病理变化比较容易做出初步诊断，必要时做显微镜检查、荧光抗体试验和凝集试验等。

【类症鉴别】

（1）与仔猪副伤寒的鉴别 两者均表现出体温升高，粪便中混有血液，大肠壁肥厚，黏膜坏死等症状。不同点是：仔猪副伤寒病猪的耳、胸、腹等部位出现紫红色斑点，剖检肝实质有糠麸样黄色坏死灶，脾脏肿大呈蓝色，肠系膜淋巴结如大理石样。

（2）与仔猪白痢的鉴别 两者均表现为体温升高，拉稀便。不同点是：仔猪白痢排出乳白色、灰白、黄白色具有腥臭味糨糊状粪便，很少引起死亡。

（3）与仔猪黄痢的鉴别 两者均表现出体温升高、腹泻等症状。不同点是：仔猪黄痢有时看不到明显的临床症状就突然死亡，病猪排出黄色、黄白色、灰黄色带气泡的水样稀便，具腥臭味，停止吃奶，极度消瘦，口渴喜饮，机体脱水，眼窝下陷，皮肤失去弹性，最终因心力衰竭、虚脱、昏迷而死亡。

（4）与猪传染性胃肠炎的鉴别 两者均表现为体温升高，排带血具腥臭味粪便。不同点是：猪传染性胃肠炎多发生于冬季，哺乳仔猪死亡率很高，育成猪和育肥猪出现腹泻，但很少引起死亡，剖检肠壁呈半透明状。

（5）与猪流行性腹泻的鉴别 两者均表现出厌食、腹泻等症状。不同点是：猪流行性腹泻多发生于冬季，哺乳仔猪的发病率和死亡率都很高，育成猪所表现的症状比较轻，成年猪除发生呕吐外不表现其他临床症状。

【预防措施】 至今国内外尚未研制出预防本病的有效菌苗，

但是经过急性感染而不经药物治疗的康复猪可以抵抗猪痢疾密螺旋体的攻击。

坚持自繁自养，加强卫生消毒，严禁从疫区引进种猪，必须引种时要隔离检疫。平时应加强饲养管理，及时清扫栏圈，始终保持猪舍清洁干燥。搞好卫生消毒和粪便管理，杜绝病原传入。

【治疗方法】 控制本病最常用的抗菌药物有以下几种：四环素类药物，每吨饲料中加入 100～200 克，连喂 3～5 天；36% 硫酸新霉素预混剂，每吨饲料中加入 300 克，连喂 3～5 天，停药 20 天；杆菌肽，4 月龄以下猪每吨饲料中加入 4～40 克，连喂 21 天。上述各种药物减半使用可作为预防用。

73 怎样诊治猪李氏杆菌病？

猪李氏杆菌病是由李氏杆菌引起畜、禽、鼠及人共患的传染病。其发病特征是发病率低，病死率高，发病猪临床上可见到典型的神经症状。

【流行特点】 李氏杆菌对外界有较强的抵抗力，但常用消毒剂均可将其杀死。本病多发于哺乳仔猪及断奶不久的保育猪，通常呈散发。由于李氏杆菌具有广泛的易感动物群体，因此传染源较多，尤其是带菌鼠类在疫病传播中常起重要作用。

【临床症状】 临床上可分为败血型和脑膜脑炎型，一般常见的是两者的混合型。发病后多数病猪表现兴奋不安，运动失调，肌肉震颤，无目的地运动。有的病猪头颈后仰，四肢张开呈观星姿势，有的后肢麻痹，拖地不能站立。有的阵发性痉挛，侧卧，四肢乱划呈游泳状。病初体温升高至 41～42℃，食欲减退，粪干尿少，发病后期体温降至常温或常温以下。

【病理变化】 有神经症状的病猪，脑及脑膜充血、水肿，脑脊液增加，稍浑浊，内含较多细胞，脑干变软有小脓灶，组织学检查可见严重的单核细胞浸润。患败血症变化的病猪，肺脏充血、水肿，气管、支气管常有泡沫样液体，肝脏可见灰白色小坏死灶，心肌柔软，心内外膜有出血点，肠系膜淋巴结肿大。

【诊断】 根据流行特点、临床症状和病理变化可做出初步诊断。确诊需靠实验室细菌学检查、血清凝集试验、直接免疫荧光试验以及酶联免疫吸附试验等。

【类症鉴别】

（1）与猪伪狂犬病的鉴别 两者均表现有神经症状。不同点是：猪伪狂犬病可侵害各种家畜及野生动物，妊娠猪感染后常发生流产、产死胎、木乃伊胎或弱仔猪，仔猪感染后，发病率和死亡率极高，取病猪脑、脾等病料处理后接种家兔，家兔接种部位表现奇痒并且引起死亡。

（2）与猪传染性脑脊髓炎的鉴别 两者均表现神经症状。不同点是：猪传染性脑脊髓炎仅发生于猪，新疫区呈全群暴发。病猪神经过敏，如遇触动或突然的响声，常引发尖叫，肌肉痉挛、角弓反张。病理组织学检查可见神经细胞质内有嗜酸性包涵体，取病料涂片染色镜检虽然看不到细菌，但病料感染仔猪时会引起仔猪发病死亡。

（3）与猪血凝性脑脊髓炎的鉴别 两者均表现有神经症状。不同点是：猪血凝性脑脊髓炎一般是因引入新的种猪而发病，在侵害猪群中的一窝或几窝乳猪之后，本病即会自然停息，病猪先表现呕吐、便秘、嗜眠症状，后出现神经症状，体温一般不高。

（4）与猪链球菌病的鉴别 两者均表现有神经症状。不同点是：猪链球菌所引起的病猪除表现神经症状外，还常见到颌下淋巴结脓肿和多发性关节炎。

【预防措施】 目前尚未研制出有效的菌苗，故对本病还不能进行免疫。

加强饲养管理，搞好环境卫生，消灭猪舍附近鼠类；隔离病猪，无害处理病死猪尸体；污染的猪舍、用具、水源可用2%氢氧化钠或5%漂白粉消毒处理。

【治疗方法】 早期大剂量交替应用庆大霉素1~2毫克/千克体重和氨苄西林4~11毫克/千克体重，每天2次肌内注射，当病猪高度兴奋不安时内服镇静剂水合氯醛，可取得一定疗效。但对

于有神经症状的乳猪，疗效不佳。

74 怎样诊治猪坏死杆菌病?

猪坏死杆菌病是由坏死杆菌引起猪的一种慢性传染病，多以皮下和消化道的黏膜坏死、严重的内脏形成转移性坏死灶为特征。坏死杆菌广泛存在于自然界，如饲养场、土壤、动物消化道黏膜等。

【流行特点】 病畜是主要传染源，禽类和各种哺乳动物都可感染，感染途径是经损伤的皮肤和黏膜。在多雨、潮湿、拥挤和卫生条件低劣的情况下容易发病。主要发生于仔猪和育成猪，呈散发性或地方性流行，猪以坏死性皮炎多见。

【临床症状】 在病猪颈部、胸侧、臀部皮下脂肪较多的皮肤间或耳根与四肢下部的皮肤处，可见小而突起的丘疹，上面覆盖易于剥离的痂皮，痂皮下组织迅速坏死溃烂，皮下形成很大的囊状溃烂区，流出大量灰黄色液体，具有特殊臭味，随后皮肤发生溃烂，严重时病变深入肌层，甚至穿透腹壁形成瘘管，潜伏期1~3天，长的可达2周。坏死性口炎常见于仔猪，病猪唇、齿龈和颚部黏膜发生溃疡，上面覆盖坏死组织。表现坏死性肠炎时，常与仔猪副伤寒并发。

【病理变化】 病死猪剖检可见大肠、小肠黏膜坏死，形成白色伪膜，伪膜下为不规则的溃疡，此外还表现坏死性鼻炎，有时可能继发于萎缩性鼻炎。

【诊断】 根据流行特点、临床症状、坏死组织的病理变化可做出初步诊断，确诊需靠实验室细菌学检查和动物试验。

【类症鉴别】

（1）与肠炎型仔猪副伤寒的鉴别 本病的坏死性肠炎型与肠炎型仔猪副伤寒均表现消瘦、排血便。不同点是：肠炎型仔猪副伤寒病猪表现体温升高，先便秘后腹泻，尤其是在阴雨潮湿、圈舍拥挤的条件下多发，而坏死性肠炎常与仔猪副伤寒、猪瘟并发或继发，临床上表现严重腹泻。

（2）与猪口蹄疫的鉴别　两者均表现为食欲不振，体温升高，口流涎。不同点是：猪口蹄疫传播快，除口腔有炎症和溃疡外，蹄部、母猪乳头都可发生水疱和溃疡。

【预防措施】　可用坏死杆菌病灭活苗和坏死杆菌菌体超声波裂解物进行免疫。

猪舍保持清洁、干燥、不拥挤，定期消毒；避免皮肤和黏膜损伤，一旦发现皮肤外伤，及时用5%碘酊消毒，防止感染，发现病猪应及时隔离，给予合理治疗。

【治疗方法】　彻底清除坏死灶的坏死组织，先用0.1%高锰酸钾溶液冲洗，而后在患部涂擦消炎软膏，再配合全身治疗，如肌内注射磺胺类药物、土霉素、金霉素、螺旋霉素等，有良好效果。如能配合对症治疗，如强心、解毒、补液，则可提高治愈率。

75 怎样诊治猪真杆菌病？

猪真杆菌病是母猪的一种泌尿生殖系统疫病，其发病特征是尿道、膀胱和肾脏发生纤维素性、化脓性炎症。猪真杆菌（旧称猪棒状杆菌）广泛分布于自然界，少数有致病性，能引起人畜急性或慢性传染病。

【流行特点】　猪对真杆菌的易感性较强，主要发生于母猪，多呈散在流行。病菌存在于公猪的包皮内，母猪可能会在配种时尿道口擦伤而被感染。

【临床症状】　母猪通常在配种或分娩后1～3周出现症状，发病较轻的猪，可见外阴部流出脓性分泌物或排血尿，重症病猪则频频排出带脓液的血尿，有时还表现不食、口渴、消瘦等症状。

【病理变化】　膀胱与输尿管黏膜有出血性和纤维素性、化脓性炎症变化，肾脏表面可见黄色或弥漫性黄色病灶，突出于表面。

【诊断】　根据特征性的临床症状和病理变化可做出初步诊

三　猪细菌病的诊治

断，确诊需靠实验室细菌学检验和动物试验。

【预防措施】 目前尚无有效疫苗可以使用，但用抗菌药物预防可收到较好的效果。

加强饲养管理，尽量减少应激因素的影响。由于本病治愈后常会复发，所以应坚决淘汰可疑公猪。

【治疗方法】 对已经感染但尚未出现临床症状的母猪进行治疗，用青霉素及其他广谱抗菌药物紧急预防可获得良好的效果。

76 怎样诊治猪土拉杆菌病？

土拉杆菌病是由土拉费朗西斯菌引起人兽共患的一种急性传染病。猪土拉杆菌病的主要特征是病猪体温升高、淋巴结肿大和发生支气管肺炎，但发病率和病死率均不高。

【流行特点】 土拉杆菌的抵抗力较强，在尸体中可存活90多天，60℃经5~20分钟方可杀死，3%来苏儿、3%石炭酸以及其他常用消毒药均可很快将其杀死。野兔和野生啮齿动物是土拉杆菌的自然储存宿主和主要传染源，蜱、蚊通过吸血将病菌传播给家畜和人。也可经消化道传播本病。各种家畜均可感染发病，仔猪发病较多，成年猪多呈隐性感染。由于春末夏初是野生啮齿动物和体外寄生虫繁殖的季节，所以也是本病的高发时期。

【临床症状】 仔猪患病后，精神沉郁，食欲减退，体温升高至41℃以上，呼吸困难，呈现腹式呼吸，有时表现咳嗽，病程7~10天，多数病猪能够耐过，死亡率较低，潜伏期1~3天。

【病理变化】 病猪颌下、腮腺淋巴结及其他体表淋巴结肿大、化脓，出现支气管肺炎、胸膜炎、肝脏实质变性。

【诊断】 根据临床症状和病理变化较难做出诊断，确诊需进行皮肤变态反应试验、实验室细菌学检验以及动物试验。

【预防措施】 皮肤划痕接种猪土拉杆菌病冻干弱毒苗，免疫期为5年。猪场应注意驱除野生啮齿动物和体外寄生虫，消灭传染源。发现后及时隔离病猪并治疗，对圈舍、用具认真消毒。由于人也可感染本病，所以应注意自身防护。

【治疗方法】 以链霉素疗效较好，肌内注射链霉素 10 ~ 15 毫克/千克体重，每天 1 次，连用 3 ~ 5 天，其次是土霉素和金霉素。

77 怎样诊治猪钩端螺旋体病？

钩端螺旋体病是由致病性钩端螺旋体引起人兽共患的一种自然疫源性传染病，亦称细螺旋体病。猪发病后大多为隐性感染，但也可表现短期发热、黄疸、血红蛋白尿、出血性素质、流产、水肿和皮肤黏膜坏死等症状。

【流行特点】 发病具有明显的季节性，以 6 ~ 9 月份多发，往往呈地方性流行，各种年龄的猪均易感，但以幼龄猪发病较多。一般呈散发，间隔一定时间成群暴发。鼠类为多种菌型的储存宿主，可以终生带菌，是主要自然疫源。从患病和带菌动物尿中排出大量菌体并长期污染环境，经皮肤、消化道、呼吸道和生殖道黏膜传播。

【临床症状】 潜伏期 3 ~ 7 天，病猪大多不表现临床症状，呈现隐性经过，带菌和排菌时间可长达 5 ~ 10 个月。病猪精神委顿，体温升高，厌食，便秘或腹泻，尿液呈红色，出现水肿和黄疸，严重者发生死亡，妊娠猪流产、产死胎等。

【病理变化】 急性型可见皮肤、皮下组织、浆膜和黏膜黄染，心脏、肺脏、肾脏、肠系膜和膀胱黏膜出血。肾脏肿大，皮质部有散在灰白色病灶。淋巴结肿大出血。肝脏肿大呈黄棕色，胆囊肿大充盈。皮肤发生坏死，皮下水肿。心包和胸腹腔有黄色积液，膀胱积有血红蛋白尿或类似浓茶样的胆色素尿液。

【诊断】 根据流行特点、临床症状和病理变化可做出初步诊断，确诊需靠实验室细菌学检验、凝集溶解试验和动物试验。

【类症鉴别】

（1）与仔猪溶血病的鉴别 两者均表现出黄疸及血红蛋白尿症状。不同点是：仔猪溶血病发病快，死亡率高，多发生于仔猪，剖检可见皮下组织黄染，肝脏肿大，颜色发黄，血液稀薄不

易凝固。

（2）**与猪白肌病的鉴别** 两者均可发生血红蛋白尿症状。不同点是：猪白肌病发生运动障碍比较突然，呼吸困难，剖检肌肉苍白，有蜡样坏死灶。

【预防措施】 由于本病病原体具有较多的血清型，因此，在实际生产中常采用多价灭活苗进行免疫，每头猪皮下或肌内注射3~5毫升，免疫期为4~6个月。

加强饲养管理，搞好环境及猪圈卫生，大力灭鼠，以防病原扩散。由于本病分布广、菌型多，且普遍呈隐性感染，所以要防止水源、农田污染。

【治疗方法】 链霉素、土霉素或金霉素治疗效果较好，每天2次，连用3~5天。如果使用青霉素，则必须加大剂量才能奏效。若对全群治疗，可在饲料中加入土霉素连喂7天，消除带菌状态和临床症状，以防病猪流产。

78 怎样诊治猪破伤风?

破伤风是由破伤风梭菌引起人兽共患的一种急性、中毒性传染病。猪发病后其特征为全身肌肉或局部肌群呈现持续性、痉挛性收缩，对外界刺激的反射兴奋性增高。

【流行特点】 破伤风梭菌为厌氧菌，可产生毒性极强的痉挛毒素和溶血毒素。破伤风梭菌形成的芽胞广泛存在于土壤及外界环境中，当伤口封闭局部形成厌氧环境时，破伤风梭菌则生长繁殖，产生毒素引起发病。各种猪均可感染发病，仔猪比老龄猪易感性强，猪多发生于去势后，呈散发流行。雨季和产仔、去势季节多发。破伤风梭菌形成的芽胞具有很强的抵抗力。

【临床症状】 本病潜伏期的长短与创伤的性质、部位、感染芽胞的数量、繁殖条件和机体的特异性免疫状态有密切关系。其临床症状是四肢强直，运动不灵活，尾部不能活动，牙关紧闭，流涎，瞬膜突出，对外界刺激兴奋性增高，一遇到刺激，病猪即可发出尖细的叫声，发病严重者全身痉挛，角弓反张，心搏及呼吸加快，最后导致死亡。

【病理变化】 由于破伤风梭菌毒性很强，病死猪尸体无特征性病理变化，所以一般不做剖检。

【诊断】 由于破伤风具有特殊的临床症状，一般不难做出诊断，如症状不明显时，可进行实验室细菌学检验和动物试验。

【类症鉴别】

与猪传染性脑脊髓炎的鉴别 猪传染性脑脊髓炎病猪体温升高，呕吐，惊厥，后期知觉麻痹，四肢呈游泳状划动，最后衰竭死亡，不表现肢体僵硬、牙关紧闭、吞咽困难等症状。

【预防措施】 皮下注射精制破伤风类毒素，仔猪每头0.5毫升，成年猪每头1毫升。注射后3周产生免疫力，免疫期为1年。翌年可再注射1次，免疫期可长达4年。在仔猪断脐、去势和受到外伤时，可用精制破伤风抗毒素血清，进行紧急预防，每头肌内注射3000~5000单位，预防期为2周。

加强饲养管理，防止各种外伤感染，如有外伤要及时进行外科处理。最好将病猪单独置于光线较暗、环境安静、干净的圈舍中治疗，减少痉挛发生的次数与强度，冬季注意保温，夏季注意防暑，防止病猪摔倒。对采食困难的病猪要给予营养丰富的流汁食物，不能吃食者用胃管灌服。

【治疗方法】 为清除病原，必须彻底清除脓液、异物、坏死组织和痂皮，用3%过氧化氢溶液、0.1%高锰酸钾溶液或5%碘酊消毒创面，也可用烙铁对创口进行烧烙处理，伤口周围用1%普鲁卡因10毫升、青霉素80万单位分点封闭，每天1次，连用2~3天。也可用破伤风抗毒素血清肌内注射或静脉注射，每头猪20万~80万单位。实践证明，应用同样剂量，一次注射比多次注射效果好，注射时间越早效果越好。为镇静解痉可肌内注射25%硫酸镁溶液4~10毫升，每天1次，连用2~3天。出现酸中毒时静脉注射5%碳酸氢钠注射液100~250毫升，对不能采食者要输液补充营养。

79 怎样诊治猪恶性水肿?

恶性水肿是由以腐败梭菌为主的多种梭菌引起多种家畜的一种创伤性、中毒性、急性传染病。致病菌为腐败梭菌、产气荚膜梭菌、水肿梭菌、溶组织梭菌等。猪发病后的特征为创伤局部发生急剧炎性气性水肿，并伴有发热和全身性毒血症。病原体能产生多种外毒素，且对外界的抵抗力很强，其芽胞抵抗力更强，20%漂白粉、5%氢氧化钠等强力消毒剂方可在短时间内将其杀死。

【流行特点】 发病无明显季节性，多为散发流行。各种猪均可感染发病。病原体分布于土壤表层和人、畜粪便中，家畜通过创伤（如刺伤、咬伤、去势、断尾、分娩和外科手术等）而感染。当口腔、胃肠道存在溃疡时，如经口食入多量芽胞也可感染发病。

【临床症状】 潜伏期为 12～72 小时，临床上表现两种类型：一种是因创伤感染，在创伤局部组织发生水肿，并迅速向周围蔓延，出现肿胀、热痛，后期则无热无痛，随着毒血症的发生，病猪出现全身症状，如精神沉郁，食欲减退或废绝，体温升高至41～42℃，呼吸困难。另一种为快疫型，病菌芽胞由胃黏膜感染后导致胃黏膜肿胀、增厚、变硬，形成所谓"橡皮胃"。若治疗不及时，多数病猪可在 1～2 天死亡。

【病理变化】 创伤感染局部明显肿胀，切开肿胀处，皮下及邻近的肌间结缔组织中流出大量红黄色或红褐色带有气泡和酸臭味的液体，肌肉呈暗红色或棕色，易撕裂。局部淋巴结显著肿大、出血和水肿，肺脏瘀血、水肿，肝脏、肾脏肿胀，有灰黄色病灶，腹腔和心室有多量积液。经消化道感染发病死亡的猪，其胃黏膜肿胀、增厚、变硬。

【诊断】 根据有无外伤和病理变化可做出初步诊断，必要时可进行细菌学检验、荧光抗体染色检查和动物试验。

【类症鉴别】

（1）**与猪肺疫的鉴别** 两者均表现为外部肿胀。不同点是：

猪肺疫主要是咽喉部肿胀，剖检肺部可见充血、水肿，切面呈大理石样外观。

（2）与猪水肿病的鉴别 两者均有水肿表现。不同点是：水肿病主要是眼睑水肿，胃大弯和贲门部位的胃壁水肿，剪开水肿部黏膜层与肌层之间流出胶冻样水肿液。而恶性水肿是由创伤引起，主要在创伤局部发生炎性水肿，剖检患猪胃黏膜肿胀、增厚、变硬，形成所谓的"橡皮胃"。

【预防措施】 本病多为散发性流行，目前尚无有效的预防用菌苗。防病的关键是杜绝外伤，及时对外伤及外科手术伤口进行彻底消毒，一旦发病应立即隔离病猪进行治疗，对污染场所彻底消毒。

【治疗方法】 用青霉素和链霉素联合注射，或用四环素、土霉素、磺胺类药物在病灶周围注射或静脉注射，感染初期疗效较好。对局部伤口要尽早切开扩创，清除创腔中的坏死组织和水肿液，再用3%过氧化氢溶液或0.1%～0.2%高锰酸钾溶液冲洗后涂上5%碘酊。

80 怎样诊治猪非结核性分枝杆菌病？

非结核性分枝杆菌病是由非结核性分枝杆菌引起人兽共患的一种慢性传染病，与结核病极为相似。猪非结核性分枝杆菌病又称猪抗酸菌病，猪发病后其特征是头颈部淋巴结和肠系膜淋巴结出现结核样病变。

【流行特点】 非结核性分枝杆菌广泛存在于自然界，致病菌主要为胞内分枝杆菌，与结核分枝杆菌存有交叉抗原。研究表明，非结核性分枝杆菌感染人后，可引发与肺结核病相似的临床症状，人与猪之间可产生交互感染，经口感染是主要传播途径，病猪和健康带菌猪是主要传染源。世界许多国家对本病已有过报道，近年来有明显增加的趋势，现已成为养猪业的一种潜在危害。

【临床症状】 由于病猪头颈部淋巴结和肠系膜淋巴结发生结

核样病变，所以临床上表现淋巴结的慢性肿胀，一般被感染猪多数不表现明显的临床症状。

【病理变化】 主要病变是病猪头颈部淋巴结和肠系膜淋巴结发生结核样病变。

【诊断】 生前临床诊断比较困难，确诊需要进行结核菌素试验、实验室细菌学检验和凝集试验。

【预防措施】 目前尚未研制出有效的菌苗，故对本病还不能进行免疫预防。加强生前检疫和屠宰后检验，发现病猪要尽早淘汰，对本病污染的猪舍、饲养用具和猪体每周用药消毒 2 次。

81 怎样诊治猪增生性肠炎?

猪增生性肠炎又称回肠炎，是由胞内劳森氏菌所致的一种肠道传染病，其发病特征是小肠与大肠黏膜增厚（即发生肠腺瘤），表现坏死性肠炎、局部性肠炎和增生性出血性肠炎的病变。

【流行特点】 本病主要发生于断奶后的生长肥育猪，病猪和带菌猪是主要传染源，病菌存在于猪的肠道内，菌体通过粪便排出，并经消化道感染健康猪，常呈地方性流行。胞内劳森氏菌可在鼠体内繁殖，因此啮齿类动物可传播本病，灭鼠有利于控制本病的传播。患有单纯性增生性肠炎的多数病猪临床症状轻微。本病分布广泛，世界上很多国家均已报道过本病。

【临床症状】 本病发病率和致死率通常较低，病猪可能出现特征性的厌食，表现对饲料好奇但又不吃，生长停滞，明显呆滞，经 4~6 周后康复。发生坏死性肠炎或局部性回肠炎的病猪，临床表现消瘦和持续性腹泻，排黑色柏油样粪便，发病严重时由于肠穿孔引起全身性腹膜炎，最后导致死亡。

【病理变化】 肠黏膜增厚，小肠、结肠前部和盲肠肠管外径变粗，浆膜下和肠系膜常见水肿，黏膜肥厚，附着疏松的炎性渗出颗粒。

【诊断】 根据发病猪的年龄、临床症状、病理变化不难做出诊断，确诊需靠实验室细菌学检查，如取病变肠黏膜抹片、姬姆萨染色或改良抗酸染色镜检，证实有胞内劳森氏菌即可确诊。

【预防措施】 目前国外已研制出猪增生性肠炎弱毒苗，口服或饮水免疫可使猪群获得有效的免疫保护。健康猪群用四环素 66 毫克/千克体重，每月 1 次，每次连续喂服 14 天，可获得较好的预防效果。加强饲养管理、隔离饲养是预防本病发生的最有效措施。

【治疗方法】 泰乐菌素和磺胺类药物联合应用，可降低本病的死亡率。每吨饲料中添加 100 克泰乐菌素或 100 克林可霉素，既可起到预防作用，又可起到治疗作用。

82 怎样诊治猪空肠弯曲杆菌病？

空肠弯曲杆菌病是由弯曲杆菌属中的空肠亚种细菌所致的人兽共患肠道传染病，目前被认为是一种新的肠道传染病。本病分布广泛，在很多国家均有发生。

【流行特点】 通过带菌猪粪便中排出的菌体和污染的水源、饲料直接或间接传播，病原菌在自然界中分布广泛，存在于各种动物体的肠道内，猪有很高的带菌率，一般可达 90% 以上。

【临床症状】 本病潜伏期 3～5 天，其症状为发热、肠炎、腹泻和腹痛，与细菌性痢疾相似，但病情较轻。仔猪发病率高于成年猪，病猪有时表现寒战、抽搐、发抖、呕吐，粪便呈水样，排便次数增加，发病严重者排出带有血液和黏液的粪便，具有腥臭味，全身脱水，呼吸困难，心肌衰竭，最后导致死亡。

【病理变化】 空肠、结肠和回肠可见弥漫性出血性水肿和渗出性肠炎，回肠末端及回盲瓣处有溃疡性病变，肠壁变厚，组织内有弯曲杆菌存在。

【诊断】 根据临床症状、病理变化可做出初步诊断，对于临床症状不明显的病猪，需进一步做细菌分离和血清学检验。

【类症鉴别】 空肠弯曲杆菌病与其他原因所致的腹泻病临床症状较为相似，易于混淆，应注意鉴别。

【预防措施】 对于发病严重的地区或猪场，可采用自制多价

灭活菌苗免疫接种。

加强饲养管理，搞好猪舍内的清洁卫生，定期进行预防性消毒。保证供给全价饲料，注意饲料和饮水的清洁卫生，增强猪体的抵抗力。

【治疗方法】 金霉素、土霉素拌料投喂 1 周，可减轻症状，控制疫情发展。如能配合肠道防腐消毒剂、收敛药物（如松节油和克辽林等量混合液内服）效果更好。内服磺胺二甲基嘧啶也可获得一定的治疗效果，对体弱、脱水病猪要补充电解质。

83）怎样诊治猪鼻支原体病？

猪鼻支原体病又称格拉斯病，是由猪鼻支原体引起猪的一种支原体性传染病。其发病特征是多发性浆膜炎和关节炎。

【流行特点】 病原体为猪鼻支原体，病猪与带菌猪是主要传染源，猪鼻支原体存在于上呼吸道内，经飞沫和直接接触而传播。在患支原体肺炎和传染性萎缩性鼻炎的猪群往往继发本病。

【临床症状】 潜伏期为 3 ~ 10 天，主要侵害 3 ~ 10 周龄的仔猪，病猪表现精神沉郁，食欲减退，体温升高，四肢关节尤其是跗关节或膝关节肿胀，跛行，腹部疼痛，有时出现呼吸困难，个别猪突然死亡，而多数病猪于发病 10 ~ 14 天后，上述症状开始减轻或仅表现关节肿大和跛行，慢性病猪表现关节炎症状。

【病理变化】 病猪可见浆液性纤维素性心包炎、胸膜炎和轻度腹膜炎，上述各处积液增多。肺脏、肝脏和肠的浆膜面常见到黄白色网状纤维素。被侵害的关节肿胀，滑膜充血，滑液量明显增加并混有血液。慢性病猪受害关节滑膜与浆膜面增厚，并可见纤维素性粘连。

【诊断】 根据侵害仔猪的日龄（3 ~ 10 周龄）、临床症状和病理变化可做出初步诊断，确诊需进行病原菌分离。

【类症鉴别】

（1）与猪滑液支原体病的鉴别 两者均表现出关节疼痛、跛行等症状。不同点是：猪滑液支原体病是侵害 3～6 月龄的猪，呼吸道症状最明显，四肢关节强直，跛行。而猪鼻支原体病多侵害 3～10 周龄的仔猪，发病猪除关节肿胀外，还可以表现呼吸困难。

（2）**与猪传染性胸膜肺炎的鉴别**　两者均表现出呼吸道症状，但传染性胸膜肺炎病猪体温升高达 42℃，表现呼吸急促和高度呼吸困难，常呈犬坐姿势，一般无关节肿胀现象。

【预防措施】　目前尚无可使用的菌苗。加强饲养管理，控制和消灭猪群中的支原体肺炎和传染性萎缩性鼻炎，减少各种应激因素。

【治疗方法】　药物对本病疗效不佳，现有治疗方法均无明显效果。

84　怎样诊治猪滑液支原体病？

猪滑液支原体病是由猪滑液支原体引起猪的一种传染病，其发病特征是急性关节强直和跛行。

【流行特点】　主要侵害 3～6 月龄的猪，病猪和带菌猪是主要传染源，同群猪可通过鼻部和咽部感染，天气寒冷、潮湿、拥挤等外界环境的刺激可导致本病的发生和流行。

【临床症状】　潜伏期 4～8 天，急性病猪一条或多条腿突然出现跛行，关节强直但肿胀不十分明显，发病严重的食欲减退，体重减轻，病猪起立困难。也有经 3～10 天后，跛行开始减轻，多数可康复，但有的病猪关节强直可持续数周甚至数月。

【病理变化】　急性病猪可见关节滑膜肿胀、水肿、充血，关节腔内液体明显增加，出现浆液性纤维素性或浆液血性渗出物，关节周围组织水肿。慢性病猪关节滑膜增厚十分明显，并有小块纤维素附着。

【诊断】　根据发病猪日龄，急性病猪关节强直、跛行，青霉素治疗无效等可做出初步诊断，确诊需从被侵害的关节中分离出猪滑液支原体。

三

猪细菌病的诊治

【类症鉴别】

（1）与慢性猪丹毒所引起的关节炎鉴别　两者均表现为关节肿大，跛行，体温升高。不同点是：慢性猪丹毒除发生关节炎外，皮肤上还可发生疹块，剖检心瓣膜有灰白色菜花样增生物，用青霉素治疗有特效。

（2）与猪鼻支原体病的鉴别　两者均表现为体温升高，关节肿大，跛行。不同点是：猪鼻支原体病病猪喉部发病时身体蜷曲，剖检可见纤维素性心包炎、胸膜炎、腹膜炎。

（3）与猪钙、磷缺乏症的鉴别　两者均表现为关节肿大，不能站立。不同点是：钙、磷缺乏症病猪体温正常，具有吃煤渣、砖块、啃墙等异嗜癖现象。

【预防措施】　目前尚无可使用的菌苗。加强饲养管理，控制和减少各种应激因素。

【治疗方法】　采用10毫克/千克体重泰乐菌素或林可霉素肌内注射，每天1次，连续用3天，若能与皮质类固醇药物联合应用疗效更佳。

85　怎样诊治猪巴尔通氏体病？

猪巴尔通氏体病是由巴尔通氏体引起猪的一种以消瘦、贫血和皮肤丘疹结节为特征的传染病。

【流行特点】　主要发生在母猪产仔季节，最易感的是哺乳仔猪和刚断奶的小猪，病猪和隐性带菌猪是主要传染源。巴尔通氏体主要存活在血液内，其次是肝脏、肾脏和肺脏内，粪便和尿液内也可能存在。一旦一头猪患病，则会波及全窝或全群。本病在猪群中的感染率高达57%～58%，死亡率达40%～50%，育成猪、肥育猪、种公猪、母猪多呈隐性感染。

【临床症状】　病猪日渐消瘦、贫血，鼻盘、两耳、四肢和胸腹下皮肤发绀，被毛粗乱无光，多处皮肤呈现黄豆粒大小或拇指大小凸起的紫黑色疹块结节。结膜由潮红转为苍白。耳肿胀，耳尖卷缩外翻、龟裂，尾尖干硬，发生干性坏死和脱落。有的病猪腹泻，粪便呈黄色胶冻状，具有腥臭味，体温升高至 40～42℃，精神不振，食欲减退或废绝，呼吸促迫，四肢抽搐。当体温降至 35℃时多半在 24 小时内死亡。

【病理变化】 病猪四肢、腹下等处皮肤发绀，结膜苍白，血液凝固不良，稀薄如水。有时可见突出于皮肤的蓝紫色疹块结节，上有干痂，下是烂斑，皮下肌肉似煮肉样。肝脏肿大、出血变性，呈黄红相间外观，边缘呈黑紫色坏死灶。脾脏肿大，边缘有坏死或梗死。肾脏肿大、出血。气管内有黏稠性液体，全身淋巴结肿大、出血，切面湿润。

【诊断】 根据流行特点、临床症状和病理变化可做出初步诊断。确诊需进行实验室细菌学检验。

【类症鉴别】

与猪附红细胞体病的鉴别 两者在临床症状上极相似，易于混淆，均表现出体温升高、贫血等症状。不同点是：猪附红细胞体多寄生于红细胞表面，血浆中的附红细胞体碰到红细胞后附其上不再运动，附红细胞体不能在普通培养基上生长。而巴尔通氏体除寄生在红细胞和血浆中外，还能生存在肝细胞、白细胞和粪便、尿液中，遇到红细胞不附着仍可运动，在普通培养基上可生长。

【防制措施】 加强仔猪的饲养管理，让其吃足初乳，尽早补料，尽量减少断奶期应激因素的刺激。

【治疗方法】 每吨饲料添加对氨基苯砷酸混拌 360 克，连喂 1 周，以后改为半量，连喂 1 个月。也可肌内注射血虫净 5～7 毫克/千克体重，隔日 1 次，连用 3 次。在注射血虫净的同时，适当加喂白糖，每头猪每次喂 50～100 克。对贫血严重的病猪可配合肌内注射右旋糖酐铁注射液，每次 100～200 毫升，间隔 2～3 天再注射 1 次，若同时注射维生素 B_{12} 0.3～0.4 毫克，效果更好。

86 怎样诊治猪附红细胞体病？

附红细胞体病是猪、牛、羊及猫多种动物共患的一种热性溶血性传染病，猪发病后其特征是急性黄疸性贫血，发热，鼻腔有脓性分泌物,仔猪死亡率高。

【流行特点】 猪附红细胞体病多发生于夏季,呈散发性流行。不同年龄的猪均有易感性,其中哺乳仔猪的发病率和病死率较高,育成猪的发病率和病死率较低,饲养管理不良,气候恶劣或有其他疾病存在时可加速发病。本病传播途径虽然还不十分清楚,但与吸血昆虫,尤其是猪虱的存在有一定关系,此外还可经口、尿道、子宫感染。

【临床症状】 潜伏期6~10天,发病猪精神沉郁,食欲废绝,体温升高至40~41.5℃,皮肤和黏膜苍白,呼吸困难,发病严重的猪全身呈现黄疸,一般经1日至数日后死亡,自然康复猪则变成僵猪。

【病理变化】 全身贫血和黄疸,皮肤和黏膜苍白,血液稀薄,肝脏肿大呈黄红色,脾脏显著肿大变软,有腹水和心包积液,淋巴结水肿,肺部可见小点出血。

【诊断】 根据病猪体温升高、贫血、全身性黄疸和病理变化等可做出初步诊断。确诊还需进行实验室涂片镜检、间接血凝试验等。

【类症鉴别】

(1) 与猪巴尔通氏体病的鉴别 两者均表现出体温升高、贫血等症状。不同点是:巴尔通氏体除寄生在红细胞和血浆外,还能生存在肝细胞、白细胞和粪便、尿液中,遇到红细胞不附着仍可运动,在普通培养基上可以生长。而附红细胞体多寄生于红细胞表面,血浆中的附红体碰到红细胞后附着其上不再运动,附红细胞体不能在普通培养基上生长。

(2) 与仔猪缺铁贫血病的鉴别 两者均表现出贫血、黄疸症状。不同点是:仔猪缺铁贫血病多发生于生后1周龄的仔猪,其症状为被毛粗乱、可视黏膜苍白、消瘦、血液稀薄不易凝固。

(3) 与猪胃肠溃疡病的鉴别 两者均表现出贫血、黄疸症状。不同点是:猪胃肠溃疡病多发生于饲喂精料过多的育成猪,临床表现为体温正常，精神不振，食欲废绝，体表苍白，呕吐，腹痛，排煤焦油样黑便。

【预防措施】 目前尚无可以预防猪附红细胞体病的菌苗。加强饲养管理，驱除体内外寄生虫，常发地区可在每吨饲料中添加土霉素 600 克、对氨基苯胂酸钠 360 克，连喂 1 周，以后减半，连用 1 个月。

【治疗方法】 肌内注射土霉素或四环素 15 毫克/千克体重，每天 2 次，可以连续应用，或肌内注射血虫净 5～7 毫克/千克体重，每天 1 次，连用 2 天。

87 怎样诊治猪耶尔辛氏菌小肠结肠炎?

耶尔辛氏菌小肠结肠炎是由小肠结肠炎耶尔辛氏菌所引起的一种人兽共患肠道传染病，猪发病后的主要特征为腹泻。

【流行特点】 一般多发生于育成猪，仔猪和成年猪感染率很低。一年四季均可发病，但以冬、春季多见，呈散发性或暴发性流行，近几年发病率有所增加。猪可以健康带菌，菌体存在于扁桃体和肠系膜淋巴结内，猪带菌率为 5%～10%，最高可达 25%～50%，感染猪经粪便向外排菌可长达 30 周，通常呈隐性感染。猪和鼠类是人类的主要传染源。通过被污染的饲料、饮水，经过口、消化道感染。啮齿动物及节肢动物既为该菌储存宿主，又为传播媒介。

【临床症状】 病猪长期间歇性地排出灰白色或灰褐色糊状稀便，粪便中混有黏液和脱落的肠黏膜，粪便表面常沾染着红色或暗褐色血液，有时粪便表面包裹着一层灰白色、油光发亮的薄膜。病猪体温正常，只有少数病猪体温升高至 40℃ 以上。病程长的食欲减退，逐渐消瘦，被毛粗干，步态不稳。大部分病猪不表现明显症状，呈现隐性感染。虽然死亡率不高，但影响生长发育速度。

【病理变化】 十二指肠、空肠和盲肠有不同程度的充血出血。结肠和直肠孤立淋巴滤泡肿大，向浆膜层或黏膜层突出，可

117

见小米或绿豆大的结节，小结肠和直肠黏膜有散在的、呈火山口状的溃疡灶，内含干酪样物，周围有一充血带。肠系膜淋巴结肿大，切面多汁外翻。

【诊断】 根据临床症状和病理变化可做出初步诊断，确诊还需进行实验室细菌分离、试管凝集试验、间接血凝试验等。

【类症鉴别】 本病的主要症状为腹泻，而腹泻是多种猪病常见的症状，引发的原因很复杂，这些疫病在临床上易于混淆，应注意鉴别。

【预防措施】 由于小肠结肠炎耶尔辛氏菌有多个血清型，各地所分离菌株的血清型并不一致，因此给本病的免疫预防带来了难度，目前尚无有效的菌苗可被使用，必要时可进行药物预防。

由于本病在人和动物之间可以相互传播，人的发病往往是动物感染所致，要想防止本病的发生，人医和兽医必须共同努力。平时注意加强对饲料、饮水的卫生及检测工作，严防污染，减少猪的带菌率。

【治疗方法】 本病对土霉素、新霉素、四环素、磺胺类药物、壮观霉素、庆大霉素等多种抗菌药物敏感，发现病猪及时分离菌株并做药敏试验，有选择性地进行药物治疗，可取得较好疗效。

88 怎样诊治猪皮肤霉菌病？

皮肤霉菌病又称皮肤真菌病，是由多种皮肤霉菌引起人兽共患的一种皮肤传染病，本病广泛分布于世界各地。

【流行特点】 各种猪均易感，发病无明显季节性，但以秋、冬季的舍饲期为多见。在自然条件下，仔猪和营养不良、皮毛不洁的成年猪较易感，通过直接接触或被污染的媒介物间接传播。病人和病畜为重要传染源，猪舍气温高、阴暗、潮湿、污秽、拥挤，有利于本病的传播。

【临床症状】 猪发病后的特征性表现是被毛、皮肤、蹄等角质化组织受损害和形成癣斑，俗称钱癣，临床上以脱毛、脱屑、炎性渗出、痂块和痒感为主要症状，其代谢产物外毒素可引起真皮充血、水肿和发炎，皮肤出现丘疹、水疱和皮屑，有毛区发生脱毛、毛囊炎或毛囊周围炎。黏性分泌物与脱落的上皮细胞形成痂皮，此时病猪表现不安、摩擦患部、减食、消瘦、贫血。

【病理变化】 病初患部潮红，皮肤中嵌有小水疱，几天后结痂。在痂块之间产生灰棕色至微黑色连成一片的皮屑覆盖物，皮肤皲裂、变硬。眼眶、口角、颜面部、颈部、肩部形成手掌大小的癣斑。背部、腹部和四肢虽然也可受到损害，发生瘙痒，但很少见到脱毛。

【诊断】 根据临床症状和病理变化不难做出诊断，确诊需进行实验室涂片镜检、菌体分离培养和动物试验。

【类症鉴别】

（1）**与疥癣病的鉴别** 两者均表现出脱毛、瘙痒症状。不同点是：疥癣为寄生虫病，能找到疥癣虫，病灶为界限不规则的大面积无毛区。

（2）**与猪湿疹的鉴别** 两者均表现出脱毛、瘙痒症状。不同点是：湿疹的病灶区有湿性渗出物，病猪表现剧烈瘙痒，分离不出病原体。

（3）**与猪过敏性皮炎的鉴别** 两者均表现出脱毛、瘙痒症状。不同点是：过敏性皮炎为皮肤的变态反应性疾病，可以追查到过敏原。

【预防措施】 加强环境卫生管理，做好猪体皮肤的卫生工作，饲养人员和兽医工作者应注意自身防护，以免被霉菌传染。

加强饲养管理，发现病猪应进行全群检查，对病猪舍、猪圈首先彻底冲洗，用5%热氢氧化钠溶液或0.5%过氧乙酸溶液消毒，最后再用清水冲洗后方可引进猪只。

【治疗方法】 患部先剪毛，再用温肥皂水洗净痂皮，然后直接涂擦药物，如10%水杨酸酒精或5%～10%硫酸铜溶液，

三

猪细菌病的诊治

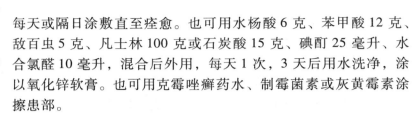

每天或隔日涂敷直至痊愈。也可用水杨酸 6 克、苯甲酸 12 克、敌百虫 5 克、凡士林 100 克或石炭酸 15 克、碘酊 25 毫升、水合氯醛 10 毫升，混合后外用，每天 1 次，3 天后用水洗净，涂以氧化锌软膏。也可用克霉唑癣药水、制霉菌素或灰黄霉素涂擦患部。

四、猪寄生虫病的诊治

89 怎样诊治猪囊虫病？

猪囊虫病又称猪囊尾蚴病，是猪带绦虫的幼虫——猪囊尾蚴寄生于猪横纹肌及其他器官，危害人、畜健康的一种人兽共患寄生虫病。

【流行特点】 猪囊虫成虫（猪带绦虫）寄生于人体，虫卵随粪便排出，猪采食了带有虫卵的粪便后虫卵发育为猪囊虫幼虫（猪囊尾蚴）寄生于肌肉内，即米猪肉。人吃了含有幼虫的米猪肉，则幼虫发育为成虫寄生于人的小肠内，人与猪之间可形成猪囊虫传播的恶性循环。人食入虫卵后也可感染，而成为幼虫的寄主。本病发生无明显季节性，但在有利于虫卵生存、发育的温暖季节多发，一般呈散发性流行。自然条件下，猪是易感动物，囊尾蚴能在猪体内存活3~5年。

【临床症状】 猪感染囊虫后，临床症状不明显，只有感染十分严重的病猪，表现发育不良，运动、呼吸和采食困难，声音嘶哑。如寄生在眼内，可引起失明，寄生在大脑，可表现神经症状，严重者发生急性脑炎而死亡。

【病理变化】 肉色苍白，肌肉内寄生有乳白色、米粒样的椭圆形或圆形的猪囊尾蚴。钙化后的猪囊尾蚴，包囊中呈现大小不一的黄色颗粒。发病严重的猪在脑、眼、肝、脾、肺处也可发现

猪囊尾蚴。

【诊断】 生前诊断较为困难，一般采用间接红细胞凝集试验。而传统的诊断方法为检查猪的舌肌和眼部肌肉，看是否有突出的猪囊尾蚴，此法检出率低。

【类症鉴别】

（1）与猪旋毛虫病的鉴别 两者均表现为肌肉强硬，呼吸不畅，叫声嘶哑，虫体寄生于肌肉。不同点是：猪寄生旋毛虫时一般不表现临床症状，只有在人工感染大量虫体时，发病初期才表现食欲减退、呕吐和腹泻等消化道症状。一般很少引起死亡，多于4~6周后康复。

（2）与猪住肉孢子虫病的鉴别 两者均表现为消瘦，运动障碍，呼吸不畅。不同点是：猪住肉孢子虫病发病后病猪表现厌食，减重，皮肤有紫癜，肌肉发抖。亚临床感染的妊娠猪发病严重时流产，轻型感染猪仅出现一过性厌食和萎靡，对猪增重和生产周期无明显影响。

【预防措施】 目前对猪囊虫病的免疫预防仍无有效方法，利用虫体抗原或虫体分泌物抗原进行免疫，其减虫率均不理想。

采取查、驱、检、管等措施进行防治。查清囊虫成虫寄生的病人，驱除病人体内的成虫，阻止囊虫虫卵的排出。认真做好屠宰检验，无害化处理含有囊虫幼虫的猪肉。严管病人的粪便并无害化处理，切断猪采食囊虫虫卵的途径。

【治疗方法】 口服阿苯达唑30毫克/千克体重，杀虫率在95%以上。口服吡喹酮40~60毫克/千克体重，或30~40毫克/千克体重也有很好的疗效。由于上述药物毒性较强，使用时注意不良反应的出现。

90 **怎样诊治猪旋毛虫病？**

旋毛虫病是由毛形科旋毛虫所引起的一种人兽共患寄生虫病，其成虫寄生于小肠，幼虫寄生于各部肌肉中。

【流行特点】 旋毛虫为多宿主寄生虫，除猪外，犬、猫、鼠类等 100 多种哺乳动物均可感染旋毛虫，其中以肉食兽、杂食兽、啮齿类动物最常见。食肉的甲虫和昆虫均可成为传染源。猪吃了未经煮熟、含有旋毛虫幼虫的废弃碎肉、洗肉泔水及其副产品，或吞食了感染旋毛虫的死鼠等均可感染，其中鼠类对猪旋毛虫的感染具有重要作用。人吃了未煮熟或盐渍的含旋毛虫幼虫的肉类也可感染。旋毛虫病的流行具有较强的地域性，往往在某些区域形成恶性循环。

【临床症状】 猪对旋毛虫有较强的耐受性，临床表现比较轻微。自然感染时，生前多不呈现临床症状，仅在宰后检验时发现。当人工大剂量感染时，发病初期病猪食欲减退、呕吐和腹泻等，幼虫移行时引起肌肉发炎，出现肌肉疼痛、麻痹、运动障碍、声音嘶哑，呼吸与咀嚼困难，发热和消瘦等症状，有时还表现眼睑和四肢水肿，一般很少引起死亡，多于 4~6 周后康复。

【诊断】 猪旋毛虫病的生前诊断主要采用酶联免疫吸附试验和皮肤变态反应试验。宰后检验主要采用显微镜检验法和肌肉组织消化法。

【类症鉴别】

（1）与猪水肿病的鉴别 两者均表现出食欲不佳，眼睑水肿，运动障碍等症状。不同点是：水肿病病猪颈部、腹部皮下水肿，肌肉震颤，盲目运动，剖检胃大弯的肌层与黏膜层之间可见黄色胶冻样液体。

（2）与猪住肉孢子虫病的鉴别 两者均表现出体温升高，肌肉僵硬，消瘦等症状。不同点是：住肉孢子虫病病猪表现贫血，剖检可见腹水增多，肾脏苍白，肌肉水样褪色，有小白点出现。

（3）与猪囊虫病的鉴别 两者均表现为眼睑肿胀，肌肉僵硬。不同点是：囊虫病病猪舌下可见半透明米粒状包囊，剖检腰肌、臀肌、舌肌、膈肌均可见米粒大到石榴粒大的囊尾蚴。

【预防措施】 目前免疫预防猪旋毛虫病的效果仍不理想，虽然虫体组织佐剂苗及可溶性抗原苗可产生较强的免疫力，但仍不能达到 100% 的减虫率。控制本病必须采取灭、治、检、管相结合的综合防治措施，这样既可切断旋毛虫进入人和动物的食物

四 猪寄生虫病的诊治

链，又可防止新的感染。

【**治疗方法**】　丙硫苯咪唑是目前治疗猪旋毛虫病的首选药物，口服剂量为 15 毫克/千克体重，连用 3 周，或 18 毫克/千克体重，连用 2 周，均可杀死猪体内的旋毛虫。

91 怎样诊治猪弓形虫病？

弓形虫病是由龚地弓形虫引起的一种人兽共患原虫病，猪发病后其特征是高热，妊娠猪流产、产死胎。

【**流行特点**】　猪弓形虫目前已遍布全世界，易感哺乳动物 45 种、鸟类 70 种、冷血动物 5 种。虫体侵入途径为呼吸道、消化肠道和皮肤等，也可通过胎盘感染胎儿。昆虫和蚯蚓可机械性传播卵囊，病猪肉、内脏、血液、渗出物和排泄物中均有虫体，病母猪乳中、流产胎儿、胎盘和其他流产物中含有大量虫体。本病多呈地方性流行或散发，发病无明显的季节性，3 ~ 4 月龄的猪多发，发病率和死亡率均较高。

【**临床症状**】　仔猪多呈急性发作，发病后 3 ~ 5 天死亡。成年猪常呈隐性感染，但抗体阳性率高于仔猪。急性感染猪体温升高至 40.5 ~ 42℃，稽留 5 ~ 7 天，精神沉郁，食欲废绝，腹泻或便秘，眼结膜充血，呼吸困难，耳、下腹部和四肢等处皮肤发生弥散性点状或斑状出血，个别病猪有呕吐和异嗜癖，病程 7 ~ 10 天，15 天后不死的转为慢性或逐渐恢复，妊娠猪感染后可引起流产和产死胎、弱仔。

【**病理变化**】　体表可见紫斑，全身淋巴结肿大、充血、出血，肺脏出血、水肿，肝脏有点状出血，胃底部出血、坏死，胃、大小肠均有出血点和坏死灶，心包、胸腹腔积水。

【**诊断**】　根据发病原因、临床症状和病理变化可做出初步诊断，确诊需检出虫体和特异性抗体。

【**类症鉴别**】

（1）**与猪瘟的鉴别**　两者均表现为体温升高，皮肤上有紫红色斑块。不同点是：猪瘟不分年龄、季节均可发生，剖检盲结口可见纽扣状溃疡，用磺胺类药物治疗无效。而弓形虫病多发于断奶后体重在 50 千克以内的猪，夏、秋季多发，病猪呼吸困难，常呈现腹式呼吸，磺胺类药物治疗有特效。

（2）与猪流行性感冒的鉴别 两者均发病突然，且体温升高。不同点是：猪流行性感冒多发于气候骤变的晚秋和早冬，病猪呼吸急促，剧烈咳嗽，先流清鼻液，后流黏性鼻液，用抗菌药物可以控制继发感染，如果无并发症大约 1 周可以康复。

【预防措施】 目前有灭活苗和弱毒苗两种，灭活苗接种后虽能产生抗体，但免疫力低，不能达到预防的效果。弱毒苗免疫效果优于灭活苗，能够产生较强的免疫力。发病前尤其是在 7 ~ 9 月份，用磺胺-6-甲氧嘧啶按 0.2 克/千克拌料投喂，可达到预防目的。

猪场内禁止养猫，发现猫粪及时处理，以防猪只感染发病。圈舍保持清洁，注意灭鼠，定期对猪群检疫，有计划地淘汰病猪。

【治疗方法】 磺胺类药物治疗效果较好，如长效磺胺按 60 毫克/千克体重，每天肌内注射 1 次，连用 7 天；磺胺嘧啶按 70 毫克/千克体重，1% 敌菌净按 1 毫升/千克体重，首次用量加倍，每天 2 次，3 天为 1 个疗程。

92）怎样诊治猪蛔虫病？

猪蛔虫病是由猪蛔虫引起猪的一种慢性寄生虫病。猪蛔虫是猪体内的大型线虫，也是猪消化道内最常见的线虫，感染率达 50% ~ 75%，育成猪比成年猪更常见。

【流行特点】 猪蛔虫分布广泛，卫生状况差的猪场，感染率更高。蛔虫具有强大的繁殖能力，1 条雌虫每天可产卵 10 万 ~ 20 万个，虫卵对外界自然条件具有较强的抵抗力，严重污染的猪场和周围环境，一年四季均有大量虫卵存在。猪蛔虫的发育无须中间宿主，寄生在小肠内的雌性成虫产出的虫卵，随粪便大量排出，经 4 ~ 5 周发育成感染性虫卵，猪吞食感染性虫卵后即可感染。本病主要危害 3 ~ 6 月龄的仔猪，导致生长发育不良、饲料消耗和屠宰内脏废弃率高，严重感染时可引起死亡。

【临床症状】 成年猪抵抗力强，感染后不表现明显症状。仔猪症状比较明显，如精神不振、食欲减退、咳嗽、呼吸加快，育成猪表现异食、磨牙、消瘦、贫血、被毛粗乱。病轻者 1 ~ 2 周好转，发病严重时表现咳嗽加剧，呕吐，腹泻，最后虚脱而死。不死的发育不良，变成僵猪。

【病理变化】 发病初期，肺脏表面可见大量出血点或暗红色斑点，肝脏表面有粗细不等的白色斑纹，小肠内大量虫体寄生时常引起小肠阻塞和肠破裂。

【诊断】 粪便直接涂片镜检或用饱和盐水浮集法检查虫卵，如每克粪便虫卵达 1000 个以上即可确诊。

【预防措施】 目前尚无有效的免疫用苗，猪感染蛔虫后能产生部分免疫力，如用感染期虫卵和排泄分泌物免疫可使健康猪获得部分保护。

加强饲养管理，提高抗病能力，阻止饲料、饮水的粪便污染，每年春、秋两季定期驱虫。保持猪舍清洁卫生，常用生石灰、草木灰消毒圈舍，以减少虫卵对猪的侵袭。

【治疗方法】 丙硫苯咪唑是一种广谱驱虫药物，可作为首选药物，10 ~ 20 毫克/千克体重，每天口服 1 次，连服 2 ~ 3 天。或枸橼酸哌嗪，0.25 克/千克体重，混入水中或饲料内 1 次口服，每天 1 次，连用 2 ~ 3 天。也可用左旋咪唑，4 ~ 6 克/千克体重，肌内注射，或 8 克/千克 体重，口服。

93 怎样诊治猪肺丝虫病？

猪肺丝虫病是由后圆线虫寄生于猪支气管和细支气管内所引起猪的一种线虫病，以肺膈叶多见。本病呈全球性分布，猪是后圆线虫的唯一宿主。

【流行特点】 成虫寄生于猪的支气管内，所产虫卵随气管中的分泌物经咽部而被咽下，进入消化道并随粪便排出，虫卵被蚯蚓吞食后发育为感染性幼虫，夏季蚯蚓的感染率高达 71.9%。在潮湿的土壤中虫卵可存活 3 个月，秋季牧场上的虫卵，可越过寒冷的冬季，生存 5 个月以上，本病一年四季均可发生，温暖、多雨季节多发，土壤肥沃、粪堆污秽不堪、蚯蚓活动频繁的地方，猪的感染率较高，1 条蚯蚓体内最多可含 2000～4000 条感染性幼虫，感染性幼虫可长期存活于蚯蚓体内，猪只要吃入少量蚯蚓，便可导致严重感染，舍饲猪感染概率较低。

【临床症状】　猪感染后可引起支气管炎和支气管肺炎，主要危害仔猪，发病严重时可造成大批仔猪死亡。感染率一般为 20%～30%。严重感染时，病猪表现阵发性咳嗽，被毛干燥，鼻孔内有脓性黏稠液体流出，呼吸困难，结膜苍白，食欲减退、消瘦。病程长的胸下、四肢、眼睑发生水肿。

【病理变化】　支气管黏膜增厚、扩张，肺尖叶和膈叶腹面边缘常有局限性肺气肿，呈灰白色，界限明显，微凸起，切开后支气管内有黏稠分泌物和白色丝状虫体。

【诊断】　根据发病原因、临床症状和病理变化可做出初步诊断，确诊需依靠粪便检查和变态反应试验。

【类症鉴别】

（1）与猪肺疫的鉴别　两者均表现出咳嗽症状。不同点是：猪肺疫发病急，体温升高，呼吸促迫，频咳。而猪肺丝虫发生缓慢，阵发性咳嗽，发病重时才表现呼吸困难。

（2）与猪支原体肺炎的鉴别　两者均表现出咳嗽症状。不同点是：患支原体肺炎的病猪体温升高，咳嗽急。而猪肺丝虫病发生缓慢，病猪阵发性咳嗽，发病重时表现呼吸困难。

【预防措施】　利用虫体分泌抗原和虫体组织抗原免疫，其预防效果不理想。加强饲养管理，春、秋季定期驱虫，猪活动场所保持清洁卫生，粪便堆积发酵，消灭中间宿主蚯蚓。

【治疗方法】　四咪唑（驱虫清），20～25 毫克/千克体重，拌入饲料中一次喂服，有很好的治疗效果。枸橼酸乙胺嗪，0.1 克/千克体重，皮下注射或口服。碘溶液（碘 1 克，碘化钾 2 克）、普鲁卡因 3.75 克和蒸馏水 1500 毫升，混合后灭菌，0.5 毫升/千克体重，一次气管内注射，每隔 2 日 1 次，连用 3 次。

四

猪寄生虫病的诊治

94 怎样诊治猪住肉孢子虫病?

住肉孢子虫病是由住肉孢子虫引起的人兽共患寄生虫病，猪住肉孢子虫寄生于猪的肌肉组织，往往引起发病猪呼吸困难、肌肉震颤、运动困难等症状。

【流行特点】 猪是住肉孢子虫的中间宿主，人、犬、猫为终末宿主，终末宿主因吃了含虫包囊的猪肉而感染，孢子化的卵囊随终末宿主的粪便排出，通过被孢子囊污染的饲料和饮水经口感染中间宿主。本病发生无明显季节性，各种猪均可感染住肉孢子虫。裂殖生殖后形成的裂殖子，随血液进入肌肉中，然后进入肌纤维并形成包囊。

【临床症状】 急性发病病猪（感染100万个以上孢子囊）表现发热、厌食、减重、皮肤（尤其是耳部和臀部）有紫癜、呼吸困难、肌肉发抖，常于14～17天死亡。亚临床的重型感染妊娠猪（感染少于100万个孢子囊）表现流产和产死胎。轻型感染病猪（感染2.5万个以下孢子囊）仅出现一过性厌食和精神委顿，对猪增重和生产周期无明显影响。

【病理变化】 病猪消瘦，贫血，肌肉色浅，心肌脂肪组织胶样浸润，膈肌和腹部肌肉尤其股四头肌中可见许多包囊。轻度和中度感染病猪肌肉色泽、韧度和气味均无明显感官变化。重度感染病猪肌肉疏松，弹性差，色浅，含水分多，切面呈糜烂状，色泽似熟肉色或土黄色，但无不良气味。

【诊断】 根据发病原因、临床症状、病理变化可做出初步诊断，确诊需用显微镜观察包囊或进行胃蛋白酶消化试验。

【预防措施】 加强饲养管理，运动场、圈舍、饲料、饮水和垫料不能让犬、猫接触，以免被污染。对犬、猫和人的粪便要收集处理，杀灭粪便中的孢子囊，禁止在猪场饲养犬和猫。

【防治方法】 常山酮、莫能霉素、盐霉素等药物内服可取得一定疗效，每天4毫克/千克体重，分2次给药，连用30天。

95 怎样诊治猪类圆线虫病?

猪类圆线虫病是猪的一种常见肠道寄生虫病,其发病特征是仔猪消瘦,生长发育不良,生长停滞,严重时引起死亡。

【流行特点】 成虫寄生于小肠,虫卵随粪便排出,在适宜条件下发育为感染性幼虫,感染性幼虫和虫卵对干燥的外界环境抵抗力低,但感染性幼虫在潮湿的环境中可生存2个月,虫卵发育力可达6个月以上,在温热潮湿季节和卫生条件差的地方,本病流行非常普遍。主要经口和皮肤感染,主要侵害10日龄左右的哺乳仔猪,以1月龄左右的哺乳仔猪感染最严重,2月龄以后感染逐渐减少。

【临床症状】 轻症时不表现明显临床症状,若虫体在肠内大量寄生,则病猪表现精神不振、消瘦、腹泻、腹部膨胀、腹痛、生长发育不良。幼虫进入肺脏可引起支气管肺炎和胸膜炎,若幼虫通过皮肤感染,可引起皮肤湿疹样变化,病程15~30天,以3~4周龄的仔猪发病严重,死亡率高达50%。

【病理变化】 病猪皮肤组织尤其是下腹部和乳腺部组织、肌肉有点状出血,支气管肺炎,小肠黏膜有点状或带状出血,有时可能出现糜烂性溃疡。

【诊断】 若发现消瘦、腹泻、生长发育不良等症状的病仔猪,可采集新鲜粪样检查虫卵,当发现有较多蓝氏类圆线虫虫卵时即可确诊。

【预防措施】 成年猪感染虫体后能产生很强的免疫力,但采用免疫的方法预防本病仍未获得满意的效果。加强饲养管理,及时清除粪便,经常消毒,保持猪舍和场地的干燥,定期检查。

【治疗方法】 有临床症状或每克粪便中含有7万个以上虫卵时,可用以下药物驱虫治疗:灭虫丁(阿维菌素)0.3毫克/千克体重皮下注射;左旋咪唑10毫克/千克体重,或驱虫净(四咪唑)7.5毫克/千克体重,混入饲料一次喂服。

96 怎样诊治猪疥螨病？

猪疥螨病俗称猪癞，是由疥螨引起猪的慢性寄生虫病，病猪以皮肤剧痒、结痂、脱毛为主要特征，对猪的危害极大。

【流行特点】 各种猪均可感染，多发于5月龄以下的猪。成虫钻进猪皮肤的表皮层内挖掘通道，雌雄交配后，雌虫在通道内产卵。虫卵孵化出的幼虫，爬到皮肤表面，在皮肤上打洞，发育为成虫。从产卵到发育为成虫，平均为15天。健康猪直接接触病猪或接触被污染的用具等而感染，猪舍卫生条件差、寒冷天气等均可促进本病的蔓延。

【临床症状】 疥螨寄生部位表现剧烈的奇痒，病猪常倚墙壁、围栏摩擦，造成被毛脱落，皮肤潮红，液体渗出或出血，渗出的液体和血液干涸形成结痂。随着猪不断蹭痒，结痂脱落，再形成新结痂，再脱落，如此反复多次，使皮肤变厚变硬，形成很多皱褶和龟裂。病变常从头部开始，而后蔓延至颈、背、腹和四肢。病猪食欲减退，消瘦，生长受阻，成为僵猪或死亡。

【诊断】 根据病猪特有临床症状可做出初步诊断，确诊需刮取病变皮肤皮屑，显微镜检发现虫体。虫体呈龟形，微黄色，背面隆起，腹面扁平，雌雄异体，大小为0.2～0.5毫米，成虫4对足，足短粗。

【预防措施】 猪舍要保持干燥、清洁，通风应良好，冬季勤换垫料，圈舍15天消毒1次。及时隔离病猪，病猪使用过的用具，应彻底消毒后再用。新引进的猪只，应进行仔细检查，确定无病时，才可混群饲养。

【治疗方法】 外用药：20%杀灭菊酯乳油300倍稀释，或2%敌百虫稀释液，直接涂擦于患处，或喷雾治疗，连用7～10天。硫黄1份、植物油5份，煎开，待凉，涂擦患处。涂药前，将患处及周围3～4厘米处的被毛剪去，用温水洗去污物及痂皮，用药时不要遗漏患处，以防扩散。内用药：1%伊维菌素按0.3毫克/千克体重，颈部皮下注射1次，1周后可再注射1次；1%阿维菌素按 1 毫升/30 千克体重，颈部皮下注射。

97 怎样诊治猪球虫病?

猪球虫病是由于球虫寄生在猪肠道上皮细胞内引起肠黏膜出血性炎症及腹泻的寄生虫病，其发病特征主要为腹泻。

【流行特点】 本病主要发生于 7～21 日龄的仔猪，仔猪从母猪粪便或被其污染的饲料、饮水中食入孢子化卵囊后而感染。成年猪常有球虫寄生，但无临床症状，成年母猪带虫率高达 75% 以上，是引起仔猪球虫病的主要传染源。圈舍潮湿、拥挤、粪便污染严重的猪场，球虫发病率较高。

【临床症状】 发病猪排黄色或灰色粪便，病初粪便松软或呈糊状，随着病情的加重，粪便呈液状，仔猪沾满液状粪便，并伴有腐败乳汁的酸臭味。一般情况下，仔猪会继续哺乳，但被毛粗乱，消瘦、脱水，生长迟缓。此病发病率高，死亡率低。

【病理变化】 发病严重的仔猪空肠和回肠黏膜出现纤维素性坏死。肠壁增厚，肠绒毛萎缩或脱落，肠黏膜无出血。

【诊断】 可用饱和盐水漂浮法检查病猪粪便中的球虫卵囊，球虫卵囊呈椭圆形、长圆形或球形，无色或浅黄色。腹泻开始后 2～3 天，粪便排出大量卵囊。切片镜检，可见到发育阶段的虫体。

【类症鉴别】

（1）**与猪胃肠卡他的鉴别** 两者均表现出粪便时干时稀、粪便中不带血液、病猪消瘦等症状。不同点是：胃肠卡他病猪粪便中不含虫卵，空肠和回肠黏膜无纤维素性坏死，发病的日龄无明显的界限。而猪球虫病主要发生于 7～21 日龄的仔猪。

（2）**与猪毛首线虫病的鉴别** 两者均表现为间歇性腹泻、仔猪多发、逐渐消瘦等症状。不同点是：猪毛首线虫病病猪结膜苍白贫血，严重感染时，粪便带有红色血丝或呈棕色的血便。结肠、盲肠充血、出血、肿胀，有绿豆大小的坏死病灶，结肠黏膜暗红色，黏膜上布满乳白色针尖样虫体，虫体前部钻入黏膜内。

【预防措施】 保持猪舍、运动场的清洁卫生，对粪便、垫料进行消毒处理，将猪分群饲养，发现病猪立即治疗。

【治疗方法】 口服百球清 20 ~ 30 毫克/千克体重，每天 1 次，连用 3 ~ 5 天，或每吨饲料添加莫能霉素 60 ~ 100 克喂猪，连用 1 周。或每吨饲料添加拉沙霉素 30 ~ 40 克饲喂，连用 4 周。

五、猪维生素缺乏症和猪中毒性疾病的诊治

98 怎样诊治猪维生素 A 缺乏症？

猪维生素 A 缺乏症是由于猪体内缺乏维生素 A 所引起的代谢性疾病，其发病特征为生长发育不良、视觉障碍和器官黏膜损伤。

【发病原因】 主要因粗饲料调制不当、遭受日光暴晒、酸败、氧化等破坏所致，常发生于仔猪，以冬末春初为多见。

【临床症状】 病猪的典型症状是皮肤粗糙，皮屑增多，咳嗽，腹泻，生长发育缓慢。发病严重者则神经功能紊乱，出现听觉迟钝，视力减弱、干眼，步伐不稳，运动失调，痉挛、转圈，甚至后躯麻痹等症状。母猪则发生流产或产死胎，所生仔猪表现瞎眼或畸形眼。有些仔猪即使外形正常，但生活能力不强，容易死亡，公猪性欲下降，精子活力降低，出现死精子。

【诊断】 根据长期不喂青绿饲料，病猪临床上出现神经症状、夜盲症和皮肤粗糙，公、母猪性功能异常，即可做出初步诊断。

【类症鉴别】

（1）与猪伪狂犬病的鉴别 两者均表现出惊厥、腹泻，妊娠猪流产、产死胎等症状。不同点是：猪伪狂犬病病猪体温升高，皮肤红，震颤，四肢强直，不出现夜盲症，虽然母猪流产，但不

出现畸形胎。

（2）**与猪血凝性脑脊髓炎的鉴别**　两者均表现出视力障碍、共济失调、卧地不起等症状。不同点是：猪血凝性脑脊髓炎病猪对应激因素敏感，虽视力障碍但不发生夜盲症。

（3）**与猪传染性脑脊髓炎的鉴别**　两者均表现出共济失调、四肢呈游泳状划动等症状。不同点是：传染性脑脊髓炎有传染性，病猪体温升高，四肢强直，眼球震颤。

【预防措施】　保证青绿饲料供应，多喂富含维生素 A 的饲料，饲料中可添加鱼肝油以补充维生素 A，但注意添加剂量不宜过大，以免造成中毒。日粮中维生素 A 的含量为每天 30～60 单位/千克体重，胡萝卜素含量为每天 75～155 单位/千克体重。

【治疗方法】　肌内注射维生素 AD 注射液 2～5 毫升，隔天 1 次。断奶猪可将 10～15 毫升鱼肝油拌入料中饲喂，每天 1 次。哺乳仔猪可灌服鱼肝油 2～5 毫升，每天 2 次。

99　怎样诊治猪 B 族维生素缺乏症？

猪 B 族维生素缺乏症是由于缺乏 B 族维生素而引起猪的多种代谢性疾病的总称，其所表现的临床症状各不相同。

【发病原因】　饲料中长期缺乏 B 族维生素，饲料单一，如玉米中维生素 B_1、维生素 B_2、维生素 B_3、维生素 B_5 等 B 族维生素含量极低，如长期单一饲喂，可导致 B 族维生素缺乏。长期、大量应用能抑制维生素 B 合成的药物，如抗菌药物等。慢性消耗性疾病也可导致 B 族维生素缺乏。

【临床症状和病理变化】

（1）**维生素 B_1**（硫胺素）**缺乏症**　病猪食欲下降，呕吐，腹泻，生长不良，皮肤和黏膜发绀，呼吸困难，突然死亡。心脏扩张，心搏减慢，心肌纤维坏死，心脏异常。

（2）**维生素 B_2**（核黄素）**缺乏症**　发病初期病猪生长缓慢，消化功能紊乱，呕吐，发生白内障，皮肤粗干而变薄，继而在鼻、耳后、背中线及其附近、腹股沟、腹部、蹄冠部等处发生红斑疹和鳞屑性皮炎，局部脱毛、溃疡、脓肿。母猪还可发生繁殖和泌乳性能不良。

（3）维生素 B_3（泛酸）**缺乏症** 病猪食欲减退甚至废绝，生长不良，腹泻，咳嗽，脱毛，运动失调或表现鹅步。特征性的病理变化是在肠道，结肠水肿、充血和发炎。淋巴细胞浸润，神经组织中可见外周神经、脊神经节、背根神经和脊髓神经根变性。母猪泌乳和繁殖性能降低。

（4）维生素 B_6（吡哆醇）**缺乏症** 病猪生长缓慢、腹泻，严重的出现红细胞色素性贫血，多染性红细胞和有核红细胞及骨髓增生，病猪抽搐、运动失调，抽搐之前常表现激动和神经质。

（5）维生素 B_7（生物素）**缺乏症** 病猪皮肤溃疡、脱毛，后腿痉挛、蹄横向开裂、出血、口腔黏膜发生炎症。

（6）维生素 B_{11}（叶酸）**缺乏症** 叶酸为红细胞再生所必需，缺乏时病猪发育不良，机体衰弱，腹泻，发生巨幼红细胞性贫血。

（7）维生素 B_5（烟酸）**缺乏症** 病猪食欲消失，消瘦，腹泻，皮炎，神经功能紊乱和贫血。剖检可见肠壁，特别是结肠和盲肠壁增厚、变脆；肠道黏膜变色，结肠内容物紧密附着在肠壁上，很难用水冲掉，肠系膜淋巴结水肿。

（8）维生素 B_{12}（钴胺素）**缺乏症** 病猪表现恶性贫血、虚弱、皮炎等全身症状，剖检可见肝细胞坏死和脂肪肝。

【诊断】 根据发病原因、临床症状和病理变化，结合饲料喂养情况、病史调查以及治疗效果，综合分析后即可做出诊断。

【预防措施】 预防 B 族维生素缺乏症的关键措施是在日粮中添加维生素预混剂，同时注意供给富含 B 族维生素的饲料和青绿饲料。

【治疗方法】 维生素 B_1、维生素 B_2、维生素 B_7 缺乏时，可用维生素 B_1 0.25～0.5 毫克/千克体重、维生素 B_2 6～8 毫克/千克体重、维生素 B_7 2.5～5 微克/千克体重（8 周龄猪），每天肌内注射 1 次。维生素 B_3、维生素 B_{12} 缺乏时，可肌内注射维生素

五

猪维生素缺乏症和猪中毒性疾病的诊治

B$_3$ 和维生素 B$_{12}$制剂。维生素 B$_5$、维生素 B$_6$ 缺乏时，可用维生素 B$_5$ 100～200 毫克/千克体重、维生素 B$_6$60 微克/千克体重，每天口服 1 次。

100 怎样诊治猪硒和维生素 E 缺乏症？

猪硒和维生素 E 缺乏症是硒或维生素 E 缺乏以及两者同时缺乏所引起的疾病。硒和维生素 E 缺乏症已成为世界性的问题，对养猪业的危害性很大。

【发病原因】 土壤中缺硒和低硒导致了饲料的原粮中硒缺乏，长期饲喂贫硒饲料，可导致猪硒缺乏。青绿饲料缺乏，矿物质、蛋白质、维生素缺乏或比例失调，也可引起硒缺乏。维生素 E 的缺乏是硒缺乏的重要因素。铜、锌、铅、镉、硫酸盐等都可抑制和干扰硒的吸收和利用，并引起猪的相对性缺硒。应激因素可使硒及维生素 E 的耗量加大，诱导硒和维生素 E 缺乏。

【临床症状】

（1）仔猪白肌病 多见于 20 日龄左右仔猪，患病仔猪营养良好，同窝身体健壮的仔猪则突然发病，体温表现正常，但精神不振，食欲减退，呼吸迫促，喜卧，猝死。病程稍长者，后肢强直、弓背，行走摇晃，肌肉发抖，步幅短而呈现痛苦状，有时两前肢跪地移动，后躯麻痹。部分仔猪出现转圈运动或头向侧转。心搏加快，心律不齐，最后因呼吸困难、心力衰竭而死亡。

（2）营养性肝病 多见于 3 周龄至 4 月龄的小猪，急性病猪体况良好、生长迅速，常常不表现症状就突然死亡。病程较长者表现精神抑郁、食欲减退、呕吐、腹泻症状。有的呼吸困难，耳及胸、腹部皮肤发绀，后肢衰弱，臀及腹部皮下水肿。病程长者，多表现腹胀、黄疸和发育不良。

（3）桑葚心 病仔猪外观健康，但在几分钟内突然死亡。体温无变化，心搏加快，心律失常。有的病猪皮肤出现不规则的紫红色斑点，多见于两肢内侧，有时甚至遍及全身。

【病理变化】 白肌病猪剖检骨骼肌特别是后躯臀部肌肉和股

部肌肉色浅呈灰白色条纹，膈肌呈放射状条纹，切面粗糙不平，有坏死灶。心包积水，心肌色浅，心脏脂肪变性常见针尖大点状坏死灶。

营养性肝病病猪肝脏呈紫黑色，肿大 1～2 倍，质脆易碎，呈豆腐渣样，慢性病猪肝脏表面凹凸不平，体积缩小，质地变硬。

桑葚心病猪心肌斑点状出血，心肌红斑密集于心外膜和心内膜下层，心脏外观呈紫红色，状如草莓或桑葚，肺脏水肿，胃肠壁水肿，体腔内积有大量易凝固的渗出液，胸水、腹水明显增多，透明呈橙黄色。

【诊断】 根据病史、临床症状和病理变化，尤其使用硒和维生素 E 治疗后效果显著即可确诊。必要时进行饲料、猪机体组织中的硒和维生素 E 水平及血液谷胱甘肽过氧化物酶活性测定。

【类症鉴别】

（1）与猪水肿病的鉴别 两者均发生于仔猪，有四肢麻痹症状。不同点是：猪水肿病多发生于断奶仔猪，发病后口吐白沫，肌肉震颤，四肢呈游泳状划动，剖检胃底部肌层与黏膜层之间可见黄色胶冻样液体。

（2）与猪心性急死症的鉴别 两者均表现出体温不高、突然死亡等症状。但猪心性急死症多发生于夏季，并以成年公猪多发。

（3）与猪血凝性脑脊髓炎的鉴别 两者均表现出精神沉郁、共济失调、呼吸困难等症状。但猪血凝性脑脊髓炎具有传染性，多发生于 2 周龄以下仔猪，临床表现咳嗽、呕吐，剖检脑部可见充血、出血。

【预防措施】 仔猪日粮中硒含量应达到 0.3 毫克/千克饲料，妊娠猪日粮中硒含量应达到 0.1 毫克/千克饲料以上。妊娠猪、体重 4.5～14 千克的仔猪和泌乳母猪，饲料中维生素 E 的需要量为 22 单位/千克饲料，其他猪为 11 单位/千克饲料。缺硒地区的妊娠猪，产前 15～25 天和仔猪生后第二天起，每 30 天肌内注射

0.1% 亚硒酸钠注射液 1 次，每次母猪注射 3~5 毫升、仔猪注射 1 毫升。

【治疗方法】　发病仔猪肌内注射亚硒酸钠—维生素 E 注射液 1~3 毫升（每毫升含硒 1 毫克、维生素 E 50 单位）。也可用 0.1% 亚硒酸钠注射液肌内注射，每次 2~4 毫升，间隔 20 天再注射 1 次，如果能配合应用维生素 E 50~100 单位肌内注射，效果更佳。

101 怎样诊治猪维生素 K 缺乏症？

猪维生素 K 缺乏症是由于维生素 K 缺乏引起猪的凝血因子合成障碍，表现以出血素质为主要临床症状的血液病。

【发病原因】　冬季缺乏青绿饲料，或饲料中维生素 K 含量极低；长期大量投喂抗菌药物，影响肠道微生物对维生素 K 的合成。

【临床症状】　仔猪易患本病。临床表现为被毛粗乱、消瘦、贫血、食欲减退，尤其表现为感觉过敏，似神经质样，凝血时间显著延长，遇有创伤常出血不止。

【诊断】　据病猪感觉过敏，贫血、厌食，凝血时间较长，伤口出血不止，维生素 K 治疗效果明显即可做出诊断。

【类症鉴别诊断】

与抗凝血类杀鼠药中毒的鉴别　两者均表现凝血时间较长，贫血、食欲减退，伤口出血不止。但鼠药中毒出血严重，可导致死亡，有与鼠药接触史。

【预防措施】　维生素 K 广泛存在于绿色植物中，特别是苜蓿和青草中含量丰富，应多饲喂青绿饲料，冬季应适当添加维生素 K，改单一饲料为配合饲料，合理应用抗菌药物。

【治疗方法】　肌内注射维生素 K 10~30 毫升，每天 1~2 次，连用 3~5 天。配合 5% 氯化钙 1~5 克、5% 葡萄糖 250~500 毫升静脉注射，其效果更佳。

102 怎样诊治猪维生素 C 缺乏症?

猪维生素 C 缺乏症是由于维生素 C 缺乏引起猪的一种代谢功能紊乱性疾病,其发病特征为口腔黏膜出血和溃疡、抗病力弱。

【发病原因】 在猪转栏、断奶、长途运输或发生某些热性传染病时,体内合成维生素 C 能力下降,同时由于维生素 C 被大量消耗,以致发生维生素 C 缺乏症。

【临床症状】 病猪表现为生长缓慢,体重下降,心搏过速,黏膜和皮肤有出血斑点,坏死性口炎;口、舌黏膜溃疡,牙齿易脱落,贫血衰竭;公猪睾丸上皮变性,一般体温无显著变化。

【诊断】 根据病猪皮肤、口腔黏膜、齿龈发生出血或溃疡,心内膜出血,公猪睾丸上皮变性,维生素 C 治疗效果明显即可做出诊断。

【预防措施】 改善饲养管理,给予胡萝卜、甘蓝、青草、苜蓿等维生素 C 含量丰富的饲料。妥善保管储备的青绿饲料,做到防水、防热、防晒,以免维生素 C 损耗。

【治疗方法】 内服维生素 C 片,5～10 毫克/千克体重,或维生素 C 针剂肌内注射,2～3 毫升/千克体重,每天 1 次,连用5～7 天,均有较好的治疗效果。也可鲜马齿苋 60～120 克,每天直接供病猪食用。

103 怎样诊治猪亚硝酸盐中毒?

亚硝酸盐中毒是猪吃了煮熟或堆积腐烂的青绿饲料后,立即出现中毒或导致死亡的一种最急性中毒性疾病,俗称饱潲病或饱油瘟。发病特征是皮肤黏膜呈现蓝紫色及缺氧症状,猪常常在采食后 15 分钟至数小时内发病。

【发病原因】 煮沸青绿饲料时不搅拌,或在煮沸时和煮沸后紧盖锅盖,煮完后放在铁锅容器中过夜或放置时间过长,以及青绿饲料堆积腐烂后易产生亚硝酸盐,当猪采食这样的饲料后会发生中毒性高铁血红蛋白血症,导致中毒死亡。

【临床症状】　发病急、病程短、救治困难，最急性病猪表现中毒后立即出现神态不安、站立不稳，最后倒地死亡。而急性病猪除显示不安外，还呈现呼吸困难、流涎、呕吐、挣扎鸣叫、脉搏快而细弱、全身发绀、体温正常或偏低、躯体末梢发冷等。耳尖、尾端的血管中血液量少而凝滞，刺破或截断时亦可渗出少量黑褐色血液。末期出现强直性痉挛，肌肉战栗，最后衰竭倒地死亡。

【病理变化】　病猪腹部膨满，口、鼻呈乌紫色，流出浅红色泡沫状液体，血液呈暗褐色，如酱油状，凝固不良，即使长时间暴露在空气中仍不能转成鲜红色。各脏器血管瘀血，胃肠道有不同程度的充血、出血，黏膜易脱落，肠系膜淋巴结轻度出血，肝脏、肾脏呈暗红色。肺脏充血，气管和支气管黏膜充血、出血，管腔内充满红色泡沫状液体，心外膜、心肌有出血斑点。

【诊断】　根据病猪的发病史、临床症状、饲料饲喂情况和血液缺氧症状可做出初步诊断，确诊可进行亚硝酸盐和血红蛋白测定。

【类症鉴别】　亚硝酸盐中毒与氟化物中毒两者均表现抽搐、震颤、昏迷、血凝固不良等症状，但氟化物中毒病猪有角弓反张、惊恐、尖叫症状。

【预防措施】　加强饲养管理，用白菜、甜菜叶等青绿饲料喂猪时，最好新鲜生喂，既保留了营养成分，又不致使猪发生中毒。如需煮熟饲喂，应加足火力，敞开锅盖，迅速煮熟，不断搅拌，不要闷在锅内过夜。储存青绿饲料时应摊开存放，不要堆积，以免腐烂发酵而产生大量的亚硝酸盐。

【治疗方法】　发病重者，尽快剪耳、断尾放血，肌内注射1%美蓝注射液，1毫升/千克体重，或注射甲苯胺蓝，5毫克/千克体重。注射维生素C 10~20毫克/千克体重，静脉注射10%~25%葡萄糖液300~500毫升，可获得显著的疗效。发病轻者，投服适量的糖水、牛奶或蛋清水。对呼吸困难、喘息不止的病猪，可注射山梗菜碱、尼可刹米等呼吸兴奋剂，对心脏衰弱者可注射安钠咖强心。

104 **怎样诊治猪肉毒梭菌毒素中毒？**

肉毒梭菌毒素中毒是一种人兽共患的高度致死性中毒性疾病，猪发病后的特征为运动中枢神经和延髓麻痹，咀嚼、吞咽困难，肌肉无力。

【发病原因】 采食了有肉毒梭菌的动物尸体，如死鱼、死虾等，或采食了腐烂饲料或被毒素污染的饲料和饮水而引起。

【临床症状】 病猪精神委顿，食欲废绝，病初吞咽困难，唾液外流，前肢软弱无力，行走困难，继而后肢发生麻痹，倒地伏卧，不能起立，呼吸困难，可视黏膜发紫，最后由于呼吸麻痹，窒息而死。少数不死的病猪，经数周甚至数月才能完全康复。

【病理变化】 剖检仅见咽喉和会厌黏膜上有灰黄色覆盖物和出血点。胃肠黏膜、心内外膜亦有小出血点，肺脏充血、水肿，脑外膜充血。

【诊断】 根据发病原因、临床症状和病理变化可做出初步诊断，确诊需取饲料及胃肠内容物做细菌学检验、毒素测定和毒素定型试验。

【类症鉴别】

（1）**与猪霉玉米中毒的鉴别** 两者均表现出神经症状。不同点是：霉玉米中毒有饲喂霉玉米史，妊娠猪表现流产，成年猪食欲减退，消化不良，日益消瘦，发病严重时腹痛、腹泻，卧地不起，呼吸困难，最后中毒死亡。而肉毒梭菌中毒病猪表现吞咽困难，后肢麻痹，卧地不起，呼吸困难，窒息而死，有采食动物尸体或腐烂饲料的病史。

（2）**与猪传染性脑脊髓炎的鉴别** 两者均表现神经症状，但猪传染性脑脊髓炎病猪表现为共济失调，肌肉抽搐，肢体麻痹。而肉毒梭菌毒素中毒病猪表现后肢麻痹，吞咽困难，最后窒息而死。

【预防措施】 可用肉毒梭菌铝胶灭活苗免疫接种，每头猪肌内注射 3 ~ 5 毫升，免疫期 6 个月。加强饲养管理，注意保管好饲料，防止饲料淋雨霉烂，凡霉烂腐败变质的饲料和肉类禁止喂猪。

【治疗方法】 早期肌内注射多价抗毒素血清 30 万 ~ 100 万单位，以中和体内的游离毒素。内服硫酸镁或硫酸钠等盐类泻剂，以清除消化道内的毒素。5% 糖盐水 250 ~ 500 毫升加樟脑磺酸钠注射液 5 ~ 10 毫升、25% 维生素 C 注射液 2 ~ 4 毫升，静脉注射，同时补充 B 族维生素。

105 怎样诊治猪黄曲霉菌毒素中毒？

黄曲霉菌毒素是黄曲霉菌的代谢产物，目前已发现黄曲霉毒素及其衍生物有 20 种，其中以毒素 B_1、毒素 B_2、毒素 G_1 和毒素 G_2 的毒力最强。猪发病后以肝细胞变性、坏死，全身出血、消化功能紊乱和神经症状等为特征。黄曲霉毒素可导致人的肝脏损伤和肝癌。

【发病原因】 最易感染黄曲霉菌的是植物种子，包括花生、玉米、黄豆、大米等。黄曲霉菌最适宜的繁殖温度为 24 ~ 30℃，在 2℃ 以下和 40℃ 以上不能繁殖。最适宜繁殖的相对湿度为 80% 以上。猪发生中毒是采食了被黄曲霉菌污染的饲料所致。

【临床症状】 饲喂发霉饲料 5 ~ 15 天后出现症状，急性病猪表现为精神委顿，食欲废绝，体温正常，后躯无力，走路蹒跚，黏膜苍白，粪便干燥，直肠出血，有时站立一隅或头抵墙下，既可在运动中突然死亡，又可发病后 2 天内死亡。慢性病猪表现精神委顿，体温正常，走路僵硬，喜吃稀饲料和青绿饲料，啃食泥土、瓦砾，常常离群，头低下垂，弓背，粪便干燥，或狂躁兴奋不安，乱蹦乱跳，黏膜黄染。

【病理变化】 急性病猪胸、腹腔大出血，浆膜表面可见瘀血斑点，大腿和肩胛部皮下和肌肉出血。肠出血，肝脏在其邻近浆膜部分有针尖状或瘀斑状出血，心外膜和心内膜明显出血，脾脏通常无变化。慢性病猪表现肝脏黄色脂肪变性，胸、腹腔积液，结肠浆膜呈胶样浸润，肾脏苍白肿胀，淋巴结充血水肿。

【诊断】 根据饲喂饲料的情况，结合临床症状和病理变化可做出初步诊断，确诊需进行黄曲霉毒素的测定。

【类症鉴别】

（1） 与猪传染性脑脊髓炎的鉴别 两者均表现出兴奋不安、角弓反张、昏睡等症状。不同点是：脑脊髓炎病猪奔走不停，眼睑不肿。

（2） 与猪钩端螺旋体病的鉴别 两者均表现为皮肤黄染、眼睑水肿、妊娠猪流产。不同点是：钩端螺旋体病猪呈现全身水肿，尿液先呈黄色，后变为红色或茶色。

【预防措施】 加强管理饲料原料，玉米、花生必须充分晒干，种子或油饼切勿放在阴暗潮湿处。发霉严重的饲料应全部废弃，轻度发霉饲料可先进行磨粉，然后按 1:3 比例加入清水中浸泡，反复换水，直至浸泡饲料的水呈现无色为止。经过处理的饲料，每头猪每日饲喂量不超过 0.5 千克。

【治疗方法】 内服盐类泻剂，如硫酸钠或硫酸镁 50 克。静脉注射 40% 六亚甲基四胺注射液 20 毫升、5% 糖盐水 200 ~ 500 毫升。强心可肌内注射 10% 安钠咖 5 ~ 10 毫升。

106 怎样诊治猪赤霉菌毒素中毒？

猪赤霉菌毒素中毒是猪采食了镰刀菌无性阶段的分生孢子期感染的小麦、玉米等谷物饲料后所产生的一种中毒性疾病。

【发病原因】 赤霉菌毒素是赤霉菌感染小麦和玉米后，在其生长繁殖过程中产生的代谢产物，其中主要有两种毒素，即单端孢霉烯及其衍生物和玉米赤霉烯酮，前者可导致猪厌食、呕吐、流产及内脏器官的损伤，后者可导致猪生殖器官功能和形态学上的改变。

【临床症状】 猪群玉米赤霉烯酮中毒的发病率可达 100%，但死亡率很低。母猪阴户肿胀、光滑或明显突出。乳腺增生变

大，子宫增生，阴道黏膜充血、发红、肿胀，严重时发生阴道垂脱，部分病猪由于经常努责继发直肠脱出。小母猪出现发情症状，或发情周期延长。公猪和去势猪包皮水肿、乳腺肥大，睾丸萎缩和性欲减退。中毒母猪不孕，妊娠猪中毒后易造成流产、胎儿干尸化或胎儿被吸收等。

单端孢霉烯中毒时病猪拒食、呕吐，消化不良、腹泻，生长停滞，当胃肠、内脏器官出现出血性损伤时，易导致中毒猪的死亡。病猪凝血酶原的不足使凝血时间延长。

【病理变化】 玉米赤霉烯酮中毒时的病理变化主要是阴道和子宫间质水肿，阴道和子宫黏膜上皮细胞分化为鳞状细胞的组织增生及变形，阴户、阴道、子宫颈壁及子宫肌层水肿增大，细胞器增生，细胞变大，子宫内膜增厚，黏膜下层间质性水肿，子宫内膜腺增生。小母猪的卵巢明显发育不全，虽有许多卵泡但没有黄体。乳头和乳腺明显增大，在发情前期的小母猪乳腺实质的间质层水肿。单端孢霉烯中毒时的病理变化主要表现在肝脏、肾脏和肠道的出血和坏死性损伤。

【诊断】 根据临床症状、病理组织学变化及是否有饲喂发霉饲料的病史等进行综合分析，可做出初步诊断，确诊需进行赤霉菌的分离培养及鉴定。

【预防措施】 加强饲养管理，禁用发霉变质饲料喂猪，确需使用霉败变质饲料时，必须采用去霉法去除霉菌及毒素，且尽量少用，以防中毒。

【治疗方法】 目前无特效疗法。立即停喂发霉饲料，尽快排毒、解毒。可采用0.1%高锰酸钾溶液、清水或弱碱溶液，进行洗胃和灌肠。必要时口服硫酸镁或硫酸钠30克、植物油150～200毫升，以排除胃肠内容物；5%糖盐水注射液250～500毫升、加入维生素C 0.5克，静脉注射。肌内注射10%安钠咖5～10毫升强心。

107 怎样诊治猪黑斑病甘薯中毒?

猪黑斑病甘薯中毒又称霉烂甘薯中毒，是猪吃了含有黑斑病的甘薯及其制品所引起的中毒。

【发病原因】 甘薯储存不当发生霉烂，霉烂变质的甘薯中含有有毒成分（如甘薯酮、甘薯醇、甘薯宁），被猪采食后即可发生中毒。

【临床症状】 病猪精神沉郁，食欲废绝，可视黏膜发绀，口吐白沫，呼吸困难，心音减弱，先便秘后腹泻，排出含有黏液和血液的稀软恶臭粪便。中毒严重者有运动障碍，步态不稳，出现前冲后撞的神经症状。

【病理变化】 肺脏水肿、气肿，胃肠黏膜充血、出血，易于脱落，肝脏肿大，胆囊充满胆汁。

【诊断】 根据猪是否采食过黑斑病甘薯的病史和呼吸困难等临床症状，结合肺脏水肿、气肿的特征性病变即可做出诊断。

【预防措施】 加强甘薯的收藏管理，甘薯收运时注意不要擦伤薯皮，防止甘薯感染黑斑病菌，地窖储存时注意保温、密封、干燥，防止甘薯霉烂，禁用变质霉烂甘薯喂猪。

【治疗方法】 治疗的原则是及时排除毒物、解毒、缓解呼吸困难。发病早期可采用1%高锰酸钾溶液或1%过氧化氢溶液洗胃、催吐，使用盐类泻剂排毒，静脉注射5%糖盐水和维生素C解毒，用硫代硫酸钠缓解呼吸困难。

108 怎样诊治猪有机磷农药中毒?

猪接触、吸入或误食有机磷农药后导致的中毒性疾病称为有机磷农药中毒，临床上以体内胆碱酯酶活性被抑制，乙酰胆碱蓄积，胆碱能神经兴奋为特征。

【发病原因】 猪采食喷洒过有机磷农药（如乐果、敌百虫）的蔬菜和其他作物，或使用敌百虫给猪驱虫时用量过大，以及外用敌百虫治疗疥癣被猪舔食后均可引起中毒。

【临床症状】 猪经吸入、食用或接触有机磷农药后数小时突然发病，出现精神沉郁、全身无力，不愿走动。口吐白沫、磨牙、肌肉震颤，呼吸加速，心搏加快，瞳孔缩小，卧地不起，排便、排尿失禁，最后窒息死亡。

【病理变化】 剖检胃内有明显大蒜样异味，胃肠黏膜充血、出血、易于脱落，肺脏水肿，气管、支气管充满大量液体。肝脏、脾脏肿大，心外膜有出血点。

【诊断】 根据病猪有无与有机磷农药接触史，结合瞳孔缩小、肌肉震颤、口吐白沫等典型临床症状，再通过用解磷定、阿托品治疗后效果比较明显，即可做出诊断。

【类症鉴别】

与猪食盐中毒的鉴别 两者均表现出食欲减退、呕吐、腹泻、口吐白沫、肌肉震颤、步态不稳等症状。但食盐中毒病猪腹部皮肤发绀，饮欲大增，尿量极少甚至无尿，瞳孔散大，剖检胃内无大蒜样异味，有采食过量食盐史。

【预防措施】 妥善保管农药，凡喷洒过有机磷农药的农作物和蔬菜短时间内不能喂猪，用农药驱除猪体内外寄生虫时一定严格控制用药剂量。

【治疗方法】 首先将特效解毒药，如解磷定20～50毫克/千克体重，或双复磷40～60毫克/千克体重，溶于5%糖盐水中静脉注射。尽快洗胃除去尚未吸收的毒物。肌内注射阿托品5～10毫克，解除有机磷对呼吸中枢的抑制，出现抽搐症状可灌服镇静剂水合氯醛。

109 怎样诊治猪食盐中毒?

猪食盐中毒是饲喂食盐含量过高的饲料、泔水导致以神经症状和消化系统功能紊乱为特征的中毒性疾病。

【发病原因】 由于采食大量含盐的泔水，或因饲料中添加不合格的鱼粉或配料错误而导致猪发病。

【临床症状】 病猪中枢神经系统呈现兴奋状态，不安、兴奋、转圈、前冲、后退，肌肉痉挛、震颤，齿唇不断发生咀嚼运动，口角流出少量白色泡沫。饮欲增加，常找水喝，直至意识紊乱而忘记饮水。体温正常，眼和口腔黏膜充血、发红，尿量减少，昏迷倒地，常于发病后 1～2 天死亡。

【病理变化】 胃黏膜出现溃疡，脑、脊髓各部有不同程度的充血、水肿，急性病猪的软脑膜、大脑实质和皮质可见明显的脑回展平，出现水样光泽。

【诊断】 根据病猪有无采食过量食盐的病史，体温正常，有突出的神经症状，同时结合病理变化，如脑组织中嗜酸性颗粒细胞浸润现象，即可做出初步诊断，确诊需测定胃肠内容物的食盐含量。

【类症鉴别】

（1）与猪传染性脑脊髓炎的鉴别 两者均表现出痉挛、转圈、角弓反张等症状。但传染性脑脊髓炎有传染性，四肢僵硬，但饮欲不强。

（2）与猪流行性乙型脑炎的鉴别 两者均表现出食欲不振、呕吐、心搏快等症状。不同点是：猪流行性乙型脑炎发病有季节性，母猪表现流产，公猪表现睾丸炎，无采食过量食盐的病史。

【预防措施】 日粮中盐分的含量不超过 0.5%，供给充足的清洁饮水，用泔水、咸鱼等作饲料时应注意与其他饲料合理搭配，盐分含量不能过高，每日食盐用量大猪不超过 15 克，中猪不超过 10 克，小猪不超过 5 克。

【治疗方法】 急性中毒的开始阶段，严格控制给水，以免促进食盐的吸收，导致症状加剧，洗胃去除胃内未吸收的食盐。轻度中毒者灌服大量温水或糖水。另外，可用 5% 葡萄糖注射液 500 毫升，加入 100～150 毫升生理盐水，并加入适量的钾和钙灌服补液。严重中毒时可静脉注射 5% 葡萄糖注射液 200～500 毫升、氢氯噻嗪或呋塞米 40～60 毫克、甘露醇注射液 100～200 毫升。需镇静、镇痉时，可静脉注射 5% 溴化钾或溴化钙溶液 10～30 毫升。

110 怎样诊治猪磷化锌中毒?

磷化锌是常用的灭鼠药和熏蒸杀虫剂,磷化锌中毒是由于猪误食灭鼠毒饵或被磷化锌玷污的饲料而造成的中毒。

【发病原因】 猪误食磷化锌后,磷化锌在胃酸的作用下释放出带有剧毒的磷化氢气体,被消化道吸收后,进入肝脏、心脏、肾脏以及横纹肌等组织内,引起上述组织的细胞发生变性、坏死,在肝脏和血管遭受损害的基础上,发展成全身广泛性出血,直至休克和昏迷。

【临床症状】 病猪精神委顿、食欲废绝,寒战、呕吐、腹泻、腹痛。呕吐物和粪便有大蒜味,心动徐缓,意识障碍,抽搐,呼吸困难。严重中毒时呈现昏迷、惊厥、黄疸、血尿、肺水肿、心肌损伤、呼吸衰竭等,最后导致死亡。

【病理变化】 病猪胃内散发出带蒜味的异常臭气,如将内容物移置暗处可见有磷光出现。胃肠道呈现充血、出血,肠黏膜脱落。肝脏、肾脏瘀血,浑浊肿胀,肺脏间质水肿,气管内充满泡沫状液体。

【诊断】 根据临床症状和病理变化很难与其他中毒病区分,必要时对呕吐物、胃内容物、剩余食物进行毒物分析,即磷化氢和锌的测定。

【预防措施】 加强饲养管理,做好饲料的保管和调制工作,防止将磷化锌掺入饲料中,猪场用毒饵杀鼠时,应指定专人负责,将毒饵放置于老鼠常出入的地方,防止被猪误食。

【治疗方法】 首先灌服1% ~2%硫酸铜溶液20 ~50毫升催吐,或用0.1%高锰酸钾20毫升洗胃将毒物排出,也可用硫酸镁、芒硝等药物缓泻,同时静脉注射葡萄糖盐水300 ~500毫升,肌内注射10%安钠咖5 ~10毫升强心。为防止血液中碱储量降低,可静脉注射5%碳酸氢钠溶液30 ~50毫升,且忌使用油类泻剂。

111 怎样诊治猪抗凝血类杀鼠药中毒？

抗凝血类杀鼠药主要包括香豆素类和茚满二酮类，前者包括杀鼠灵、杀鼠醚、溴敌隆等，后者包括氯敌鼠、敌鼠钠盐、杀鼠酮等，属于强力抗血凝类灭鼠药。猪中毒后呈现以凝血功能障碍为特征的全身性疾病。

【发病原因】　由于猪误食灭鼠毒饵或被其玷污的饲料而导致中毒，鼠药进入血液后，同血浆蛋白结合，阻止凝血酶的转变，抑制血液凝固。

【临床症状】　抗凝血类杀鼠药常导致猪慢性中毒，以内出血和外出血为特征，潜伏期 2～5 天，病猪表现为精神极度沉郁，食欲减退，贫血，虚弱。大剂量中毒时，病猪呈现呼吸困难、神经症状、跛行、皮炎及皮肤坏死；鼻孔出血，呕血，排血尿和血便，严重时可导致死亡。

【病理变化】　剖检胸腔、腹腔、大脑、脊椎、关节、胃、皮下均有出血，肝脏、肺脏严重出血，肠道呈弥漫性出血。

【诊断】　根据病猪有无与杀鼠药接触史，结合病猪内外出血等临床症状，再通过测定血凝时间及维生素 K 治疗效果明显，即可做出诊断。由于中毒潜伏期的存在，病猪出现症状时，毒物已消耗殆尽，因此在病猪胃内容物及血液中一般查不到毒物。

【预防措施】　加强饲养管理，做好饲料的保管和调制工作，防止将杀鼠药混入饲料中，猪场用毒饵杀鼠时，应指定专人负责，将毒饵放置于老鼠常出入的地方，防止被猪误食。

【治疗方法】　肌内注射或皮下注射维生素 K_1，每次 5 毫克/千克体重，连用 5～7 天，直到凝血时间正常后，改为同等剂量拌料口服，连用 7 天。

112 怎样诊治猪马铃薯中毒？

猪马铃薯中毒是由于猪采食了大量发芽、腐烂或存放期过长的马铃薯或马铃薯开花或结果前期的茎叶所致的一种中毒病，发病猪以出血性胃肠炎和神经损害为特征。

【发病原因】 马铃薯含有一种有毒的生物碱，即马铃薯素，也称作龙葵素。成熟的马铃薯龙葵素含量很低，一般不会引起中毒。当存放时间过长时，龙葵素含量增加，存放 18 个月的马铃薯龙葵素含量可达 1.3%，发芽、腐烂变质的马铃薯龙葵素含量高达 1.84%，当猪采食了上述马铃薯时极易导致中毒。

【临床症状】 猪采食后 4~7 天出现中毒症状，中毒严重时，初期病猪兴奋不安、狂躁，不顾任何障碍向前冲撞，并伴有呕吐及腹痛症状。短期兴奋后转为精神沉郁，四肢麻痹，后肢软弱，走路摇摆，呼吸微弱、喘气，可视黏膜发绀，心脏衰弱，瞳孔散大，多数在 3 天后死亡。中毒轻微时，主要表现为胃肠炎症状，如呕吐、腹泻、腹痛，食欲减退，并伴有体温升高症状，病猪低头呆立，头、颈、眼睑部位发生水肿。妊娠猪中毒时易导致流产。

【病理变化】 实质器官常见出血，肝脏、脾脏肿大、瘀血、出血，心脏内充满凝固不良的暗黑色血液，偶见肾炎变化。胃肠黏膜充血、潮红、出血，上皮细胞脱落。

【诊断】 根据临床症状、病理组织学变化及是否有饲喂马铃薯的病史等，可做出初步诊断。

【预防措施】 最好不用发芽、腐烂的马铃薯做猪饲料，必须饲喂时，应进行无害处理，充分煮熟后与其他饲料搭配饲喂，发芽的马铃薯要去除幼芽，煮过马铃薯的水不能饮用，饲喂量应逐渐增加。

【治疗方法】 发现中毒时应立即停喂马铃薯并更换饲料，灌服 1%硫酸铜溶液 20~50 毫升，或皮下注射阿扑吗啡 10~20 毫克排除胃内容物。对兴奋不安的病猪可灌服溴化钠 5~15 克，或静脉注射 10%的溴化钠注射液 10~20 毫升，每天 2 次。中毒严重的病猪可静脉注射 5%~10%葡萄糖溶液或 5%糖盐水 200~500 毫升。胃肠炎病猪可灌服 1%鞣酸溶液 100~400 毫升。

113 怎样诊治猪磺胺类药物中毒？

磺胺类药物是一类抗菌谱广、性质稳定、价格低廉、常用于猪细菌性疫病治疗的药物。

【发病原因】 在治疗猪细菌性疫病过程中，如果磺胺药物使用不当或用量过大均可引起药物中毒。

【临床症状】 病猪精神沉郁，被毛粗乱，食欲减退，后肢无力，腹泻、排稀便，中毒严重的病猪卧地不起直至死亡。

【病理变化】 皮下可见浅黄色液体并有出血斑点，淋巴结肿大呈暗红色，肾脏呈土黄色，肾盂内可见到黄白色磺胺结晶沉淀物。

【诊断】 根据发病猪是否用过磺胺类药物，结合临床症状和剖检后肾盂内的黄白色结晶沉淀物，即可做出诊断。

【预防措施】 使用磺胺类药物过程中，一定要注意控制其疗程和用量，一旦出现中毒症状立即停药。

【治疗方法】 发现磺胺类药物中毒时，立即内服1%～2%硫酸铜溶液 20～50 毫升催吐，用 0.01% 高锰酸钾溶液洗胃，硫酸镁 10～30 克下泻，静脉注射 10% 葡萄糖注射液 200～500 毫升和维生素 C 0.5 克以补液解毒。

114 怎样诊治猪土霉素中毒？

土霉素是治疗和预防猪疫病的常用抗菌药物，如果 1 次用量过大或服用时间太长亦可引起中毒。

【发病原因】 土霉素进入机体后，吸收快，排泄慢，所以治疗和预防猪的某些细菌性疫病时，一次大剂量服用或持续长时间服用即可引起猪只中毒。

【临床症状】 病猪狂躁不安，口吐白沫，肌肉震颤，呼吸困难，耳尖发凉，中毒严重时瞳孔散大，心力衰弱，最后引起死亡。

【病理变化】 肝脏、肾脏损伤，胃肠出血。

【诊断】　根据是否用过土霉素药物和所表现的临床症状即可做出诊断。

【类症鉴别】

（1）**与猪食盐中毒的鉴别**　两者均表现出口吐白沫、肌肉震颤、瞳孔散大等症状。不同点是：食盐中毒病猪虽然口渴，饮水量大，但尿量极少，病猪先兴奋后昏迷。有大量采食食盐的病史。

（2）**与猪破伤风的鉴别**　两者均表现出肌肉震颤、口吐白沫等症状。不同点是：破伤风病表现牙关紧闭、两耳直立、四肢强直、行走困难等症状，大多数病猪以死亡而告终。

【预防措施】　加强药物管理，必须使用土霉素时，严格控制服药时间和用药剂量。

【治疗方法】　中毒后紧急静脉注射碳酸氢钠注射液、5% 糖盐水，或口服碳酸氢钠、硫酸钠或 5% 糖盐水，促进土霉素排出。内服维生素 B_1 或维生素 C，每次 10～20 毫克。

115　怎样诊治猪酒糟中毒？

　　酒糟是酿酒后的残渣，是养猪的良好饲料，但如果大量使用或猪误食大量腐败酒糟，即可引起猪酒糟中毒。

【发病原因】　酒糟中含有酒精、龙葵素、麦角毒素、麦角胺等有毒成分，尤其是酒糟腐败后内含游离酸和杂醇油，如果给猪饲喂这样的酒糟即可引起中毒。

【临床症状】　初期病猪精神沉郁，食欲减退，体温不高，粪便干，有时腹泻，后期出现体温升高，兴奋不安，步态不稳，四肢麻痹，卧地不起，心搏加快，呼吸困难，体温下降，最后虚脱死亡。

【病理变化】　病猪胃肠黏膜充血、出血，肠系膜淋巴结肿大、出血，肺脏充血、水肿，心内膜出血，肝脏、肾脏肿胀、质地变脆。

【诊断】　根据有无长时间饲喂酒糟和酸败酒糟病史，结合临床症状和病理变化，综合分析后可做出诊断。

【类症鉴别】

（1）**与猪棉籽饼中毒的鉴别**　两者均表现出体温升高、尿血、腹泻，剖检胃内容物呈土褐色等症状。不同点是：猪棉籽饼中毒病猪精神不振，弓背，后肢软弱，剖检胸、腹腔有红色渗出物。

（2）**与猪钩端螺旋体病的鉴别**　两者均表现出体温升高、黏膜黄染、血尿等症状。不同点是：钩端螺旋体病猪全身水肿，剖检可见皮下组织黄疸，膀胱内有血红蛋白尿。

（3）**与猪胃肠炎的鉴别**　两者均表现出体温升高、腹泻等症状。不同点是：胃肠炎病猪有呕吐，粪便具腥臭味，剖检可见胃壁变薄，胃内无酒味。

【预防措施】　加强饲养管理，控制酒糟食用量，尽量饲喂新鲜酒糟或与其他青绿饲料搭配使用，避免发生中毒。

【治疗方法】　发现酒糟中毒应立即停喂，并内服 1%～3% 碳酸氢钠溶液 500～1000 毫升，或灌服植物油 300～400 毫升，对兴奋不安的病猪可静脉注射水合氯醛注射液 10～15 毫升。

116　**怎样诊治猪棉籽饼中毒？**

　　猪大量采食或长期采食榨油后的棉籽饼即可导致猪中毒，其特征为出血性胃肠炎、全身水肿、血红蛋白尿等。

【发病原因】　棉籽饼中主要有毒成分是棉酚。棉酚包括结合棉酚及游离棉酚，游离棉酚对动物具有毒性。棉酚在体内比较稳定，不易破坏，而且排泄缓慢，有蓄积作用。

【临床症状】　病初病猪体温正常，精神沉郁，食欲减退，四肢软弱，行走困难，摇摆不定，视觉障碍，耳尖、尾部、皮肤发绀。消化功能紊乱，粪便呈黑褐色，先便秘后腹泻，粪便混有黏液和血液。发病后期体温升高，腹下、四肢水肿，肺脏水肿，心力衰竭，排尿困难，呈现血尿或血红蛋白尿。妊娠猪流产，发病严重者，病后当天或 2～3 天死亡。

【病理变化】 肝脏充血肿大、变色，肺脏充血、水肿，肺门淋巴结肿大，气管内有血样气泡，胸腔和腹腔有黄色渗出液，胃肠黏膜有卡他性或出血性炎症。

【诊断】 根据病猪有无多饲和长期饲喂棉籽饼的病史，结合临床症状和病理变化即可做出诊断。

【类症鉴别】

（1）**与猪菜籽饼中毒的鉴别** 两者均表现出食欲减退、精神不振、弓背、后肢软弱、便血等症状。不同点是：菜籽饼中毒时，病猪排尿困难、尿频、尿血，剖检可见肝脏肿大，肾脏瘀血。

（2）**与疹块型猪丹毒的鉴别** 两者均表现为体温升高、皮肤有疹块。不同点是：疹块型猪丹毒皮肤疹块形状呈菱形，突出于皮肤表面。

【预防措施】 加强饲养管理，限量使用棉籽饼，成年猪每天饲喂量不超过日粮的5%。哺乳母猪及小猪最好不喂。在饲喂棉籽饼时要增加日粮中蛋白质、维生素、矿物质、青绿饲料的用量，此外在加工棉籽饼时应注意加热减毒，加铁去毒。

【治疗方法】 发病后应立即停喂棉籽饼，初期用0.1%高锰酸钾溶液或3%碳酸氢钠溶液洗胃，内服硫酸镁或硫酸钠10～30克，加速毒物排出。后期对症治疗，并补液解毒。

117 怎样诊治猪菜籽饼中毒？

菜籽饼是一种蛋白质饲料，如果不加处理，长期或过量饲喂后，即可引起猪只中毒。

【发病原因】 菜籽饼虽然营养丰富，蛋白质含量高，但其中含有芥子苷、芥子酶和芥子碱，尤其是芥子苷在芥子酶的作用下，可水解形成异硫氰酸丙烯酯或丙烯基芥子油等有毒成分，即可引起猪中毒。

【临床症状】 病猪精神不振，食欲减退或废绝，站立不稳，腹痛、腹泻，粪便带血。排尿次数增多，排血尿，耳尖、蹄部发凉，可视黏膜发绀。鼻孔流出粉红色泡沫状液体，咳嗽、呼吸困难，心搏加快，瞳孔散大，体温偏低，妊娠猪流产，最后因心力衰竭而死亡。

【病理变化】 血液凝固不良如漆样，胃内可见少量凝血块，肠黏膜充血、出血，肾脏出血，肝脏充血、肿大、变色，肺脏水肿、间质增厚，切面空腔内有多量泡沫状液体溢出，心内外膜有点状出血。

【诊断】 根据病猪是否饲喂过菜籽饼以及饲喂的时间长短，结合发病后出现胃肠炎和排血尿等特征性症状和其病理变化，即可做出初步诊断。

【类症鉴别】

（1）与猪酒糟中毒的鉴别 两者均表现出食欲减退、腹痛、腹泻、呼吸困难、尿液发红等症状。不同点是：酒糟中毒病猪表现兴奋不安，昏迷，卧地不起，剖检胃内可见酒糟，鼻闻有酒味，胃肠黏膜充血，有出血点。

（2）与猪棉籽饼中毒的鉴别 两者均表现出精神沉郁、体温不高、弓背、走路摇摆、排血便等症状。不同点是：棉籽饼中毒病猪胸腹下水肿，嘴、尾根皮肤发绀，剖检可见肾脏脂变性，肾盂脂肪肿大，膀胱充满尿液，有大量采食棉籽饼病史。

【预防措施】 加强饲养管理，限量饲喂菜籽饼，饲喂前通常要对菜籽饼进行去毒处理，具体的去毒方法有坑埋脱毒法和发酵中和法。

【治疗方法】 发现中毒立即停喂菜籽饼。必要时灌服 0.1% 高锰酸钾溶液、蛋清和牛奶。另外，还可以适当使用维生素 C、维生素 K 和肾上腺皮质激素来强心、保肝、预防肺水肿。

六、普通病的诊治

118 怎样诊治猪消化不良?

　　猪消化不良是一种以胃肠消化吸收功能降低、食欲减退或停止、仔猪发病率高为临床特征的消化系统疾病。

　　【发病原因】　饲养管理不当，喂饮失时，采食过饱或过饥，饲料种类、圈舍温度、饲养顺序和喂养方法突然改变，饲料粗硬、发霉或混有泥沙，误用刺激性药物以及其他疾病（如非典型猪瘟）的发生均可导致猪消化不良。

　　【临床症状】　病猪精神不振，食欲减退，体温正常，有并发症时出现发热，病情严重时食欲大减或废绝，但贪饮，饮后又呕吐。排稀便、粪便中有黏液或血丝，污染肛门，如果治疗不及时常转化为肠炎导致死亡。

　　【诊断】　根据饲养管理情况和临床症状，一般可做出诊断。

　　【预防措施】　加强饲养管理，改善饲喂方式，发病后少食或停食 1~2 天，给病猪饲喂易消化的饲料。

　　【治疗方法】　首先清理胃肠，灌服人工盐或植物油，然后用酵母片或大黄苏打片、大黄末、龙胆粉、碳酸氢钠等药物健胃，如果发生腹泻可灌服鞣酸蛋白或碱式硝酸铋，如出现炎症可肌内注射合霉素，内服磺胺脒予以消炎。

119 怎样诊治猪胃肠炎？

猪胃肠炎是胃和肠黏膜及黏膜下层组织发生炎症的一种表现。

【发病原因】 突然改变饲料和饲喂方式，如温食改为凉食，饲料不洁，采食过饱，饲料变质或误食有毒植物、化学药品等，均可导致猪发生胃肠炎。

【临床症状】 病猪精神沉郁，食欲废绝但饮欲亢进，可视黏膜初期呈暗红带黄色，后期变紫色，体温升高，常有呕吐、腹泻，粪便稀软呈水样或糊状。

【诊断】 根据病猪食欲紊乱、呕吐、腹泻、粪便中有黏性分泌物等症状，即可初步诊断为猪胃肠炎。

【类症鉴别】

（1）与猪酒糟中毒的鉴别 两者均表现出体温升高、腹痛、腹泻等症状。不同点是：酒糟中毒病猪狂躁不安，肌肉震颤，步态不稳，胃内容物有酒味。

（2）与猪棉籽饼中毒的鉴别 两者均表现出体温升高、粪干带血、尿量少等症状。不同点是：棉籽饼中毒时，病猪嘴发绀、肌肉震颤，有时呼吸困难。有采食棉籽饼病史。

（3）与猪消化不良的鉴别 两者均表现出精神不振、食欲减退、腹泻等症状。不同点是：消化不良病猪体温不高，粪便时干时稀，全身状况比患胃肠炎的猪好。

【预防措施】 加强饲养管理，不要任意改变饲料和饲喂方式，发病后立即停喂发霉饲料，改喂易消化饲料。

【治疗方法】 口服小檗碱，每次 0.2～0.5 克，或庆大霉素 5～10 毫克/千克体重等药物消炎，口服人工盐、液状石蜡缓泻，口服木炭末、矽碳银片、鞣酸蛋白、碱式硝酸铋止泻。由于脱水、自体中毒、心力衰竭是急性胃肠炎的致死因素，所以对发病猪要进行补液、解毒（静脉注射 5% 糖盐水或温生理盐水灌肠）和强心、利尿（皮下注射安钠咖 0.5～1 克或樟脑油 2～4 毫升）。

120 怎样诊治猪胃溃疡？

猪胃溃疡是猪胃黏膜糜烂坏死后所形成的溃疡病灶，以呕吐、排黑粪，皮肤、黏膜苍白为特征。

【发病原因】 饲料中某些维生素（如维生素 E、维生素 B_1）、微量元素（硒、锌）缺乏，长期饲喂高能量饲料，饲料调制不当，粉碎过细，过冷、过热、发霉，或某些传染病（如猪瘟、丹毒）和寄生虫病发生时均可引起胃溃疡。

【临床症状】 胃溃疡发生于各种年龄的猪，临床症状分为最急性型、急性型、亚急性型和慢性型。最急性型突然发病，病猪胃部大出血，多以死亡而告终，尸体苍白。急性型则表现贫血、体表苍白，呼吸加快，排干粪、血粪，并出现呕吐。亚急性型和慢性型发病时间比较长，病猪食欲减退，消瘦，体重减轻，贫血，腹泻，排黑色粪便。

【诊断】 根据发病原因，结合临床症状，即可做出初步诊断，确诊需进一步剖检和用仪器检查。

【类症鉴别】 猪胃溃疡与猪消化不良在临床症状上较为相似，易于混淆，应注意鉴别。消化不良病猪贪饮，饮后又呕吐，排稀粪，无腹痛现象，胃壁无溃疡灶。

【预防措施】 改善饲养管理，饲料中适当增加粗饲料的比例和硒与维生素 E 的含量。改变饲料品质，喂给易于消化的饲料。

【治疗方法】 口服鞣酸保护胃黏膜，用氧化镁等抗酸剂中和胃酸，投服碱式硝酸铋 2~6 克保护溃疡面，防止出血，促进愈合。对于出血严重的猪，使用止血剂如维生素 K_1。另外，可静脉补充葡萄糖溶液和维生素 C。

121 怎样诊治猪腹膜炎？

猪腹膜炎是由于腹部创伤或腹部手术时感染病原菌所引起的腹腔内膜发炎。

【发病原因】 由于外伤、去势或其他手术，细菌经伤口感染后引起发病。根据病程长短，腹膜炎可分急性和慢性两种；根据损伤范围，可分为局限性和弥散性两种。

【临床症状】 急性腹膜炎多属弥散性腹膜炎，临床表现为体温升高、精神不振、口渴贪饮、腹痛喜卧、胸式呼吸、心悸亢进等，病程较短，多在 12 ~ 24 小时死亡。慢性腹膜炎多属局限性腹膜炎。体温、呼吸、心搏、食欲无明显变化，仅在炎症范围扩大时，体温轻度升高，发炎部位结缔组织增生，腹膜变厚并与附近器官粘连。

【诊断】 根据发病原因，结合病猪临床症状，即可做出诊断。

【预防措施】 加强饲养管理，增加机体抗病能力，做腹部手术时应严格消毒，防止细菌感染。

【治疗方法】 肌内注射青霉素 80 万 ~ 160 万单位、静脉注射糖盐水 500 毫升，每天 1 次，连用 2 ~ 3 天。腹腔化脓或有大量渗出液时应及时腹腔穿刺，排出脓液和渗出液，用 0.1% 依沙吖啶溶液洗涤腹腔，而后将青霉素 80 万单位、氢化可的松注射液 2 毫升、0.25% 普鲁卡因 20 毫升和蒸馏水 100 毫升混合后，一次腹腔内注入。

122 怎样诊治猪支气管炎?

猪支气管炎是由各种致病因素引起的支气管黏膜表层和深层的炎症，临诊上以咳嗽、呼吸困难、流鼻液及不定型热为特征。

【发病原因】 气候突变、猪舍潮湿、猪群拥挤、寒冷刺激，化学物质及有害气体侵袭等因素均可导致支气管发炎。

【临床症状】 病猪流鼻液，咳嗽，发热，呼吸困难，如发病时间延长，可引起消瘦，行走摇摆，气喘，腹式呼吸。

【诊断】 根据病史，结合临床症状，必要时通过 X 射线可做出诊断。

【预防措施】 加强饲养管理，供给营养丰富、容易消化的饲料，注意圈舍的清洁卫生和通风透光，防潮湿，搞好小猪的保

暖、防寒工作。

【治疗方法】 发病初期气管内有炎性渗出物可用镇咳、去痰药物（肌内注射麻黄素，内服氯化铵、复方甘草合剂），发现炎症、体温升高可注射解热药物（如氨基比林、双氯酚酸钠）和抗菌药物（如多西环素、庆大霉素、青链霉素）。

123 怎样诊治猪中暑？

中暑是日射病与热射病的总称，是由于猪产热过多或散热减少所引起的全身体温过高症。

【发病原因】 猪在炎热的夏季，长时间受太阳光照射，或生活在潮湿闷热的环境中，导致猪中枢神经系统功能紊乱，引起中暑。

【临床症状】 发病突然，病猪体温升高，可视黏膜潮红发暗，心搏加快，呼吸变粗，烦躁不安，口吐白沫，卧地不起，最后昏迷，倒地死亡。

【诊断】 根据发病季节为夏季，病猪生活在炎热、潮湿的环境，结合突然发病，快速死亡的症状，即可做出诊断。

【预防措施】 加强饲养管理，夏季猪舍要求通风良好，保证供给充足的饮水和易于消化的饲料，饮水中经常添加抗应激药物（如多种维生素和电解质），以防中暑发生。

【治疗方法】 发现中暑，立即将病猪移至阴凉通风的环境中，尽快用冷水浇洒头部和全身，同时耳尖、尾部放血。必要时静脉注射5%糖盐水以防脱水，待病情稳定后内服清热解毒药物以巩固疗效。

124 怎样诊治僵猪症？

僵猪症是由于先天性发育不良和后天性营养不足等原因，而导致仔猪采食饲料但不生长的一种疾病。

【发病原因】 由于母猪妊娠阶段营养不良，致使胎儿发育受阻，仔猪哺乳期母猪乳汁不足，仔猪断奶后营养不良，饲料单一，特别是缺乏蛋白质和矿物质饲料。另外，某些慢性疾病（如仔猪副伤寒、蛔虫病等）也可引起本病。在母猪未成熟时开始繁殖配种，其后代易发生本病。

【临床症状】 病猪被毛粗乱，结膜苍白，采食饲料但体重不增加，体格小，脑袋大，肚子大，弓背缩腹，便秘和腹泻交替发生，无论饲养多长时间都达不到出栏标准（体重达到100千克）。

【诊断】 根据发病原因，结合临床症状可做出初步诊断。

【预防措施】 加强妊娠猪、哺乳期和断奶仔猪的饲养管理，合理搭配饲料。搞好环境卫生，做好有关疾病的预防，定期驱虫。禁止未成熟母猪繁殖配种和近亲繁殖。

【治疗方法】 供给蛋白质、维生素、矿物质含量丰富的饲料，必要时日粮中加入驱虫药和健胃药，调节肠胃功能，改善营养条件。

125 怎样诊治猪异嗜癖？

猪异嗜癖是由于猪机体代谢功能紊乱，营养不平衡而导致猪味觉异常的一种慢性疾病。

【发病原因】 饲料中蛋白质、氨基酸、维生素、矿物质、微量元素缺乏或不足，饲养密度过大，饮水不充分，患某些疾病后均可引起异嗜癖。

【临床症状】 表现为舔墙壁、啃食槽和砖头瓦块、吃粪尿和鬃毛等，腹泻和便秘交替发生，发病严重时咬耳、啃尾，导致出血，最后死亡。

【诊断】 根据发病史，结合特征性的临床症状即可做出诊断。

【预防措施】 加强饲养管理，补充所缺物质，改善环境卫生条件，注意饲料搭配。

【治疗方法】 针对发病原因，及时予以治疗，如果日粮中蛋白质、氨基酸缺乏，就在饲料中添加鱼粉和骨粉；如果维生素缺乏，喂给青绿多汁饲料，必要时喂给一些食盐、碳酸氢钠等健胃

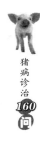

药物，有时增喂少量的微量元素也能控制异嗜癖的发生。

126 怎样诊治母猪骨软症？

母猪骨软症是成年母猪软骨内骨化作用完成之后发生的一种骨营养不良症，是妊娠猪或泌乳猪常发的一种疾病。其发病特征是骨质渐进性脱钙，呈现骨质疏松和形成过剩的未钙化骨基质。

【发病原因】 由于饲料中钙、磷比例不平衡，造成钙缺乏。长期给母猪饲喂米糠、豆腐渣等过于单一的饲料，尤其是母猪产仔后，饲喂的日粮搭配不合理，加上母猪泌乳量大，从乳中消耗多量的钙质，更易发生本病。另外，母猪关闭饲养，长期晒不到太阳，缺乏紫外线照射，母猪皮肤中的 7-脱氢胆固醇则不能转化为维生素 D，从而影响肠黏膜对钙、磷的吸收和钙、磷在骨骼中的沉积。

【临床症状】 病猪消化功能紊乱，有异食现象，四肢骨、头面骨、上颌骨变形，跛行。病猪啃骨头，吃胎衣，运动或站立时后躯摇晃，卧地不起，往往呈犬卧姿势，尤其是妊娠后期的母猪和哺乳母猪，由于胎儿发育和形成乳汁时骨钙吸收过多引起跛行。后肢骨和腰椎变形，后躯瘫痪或发生骨折。病猪食欲、体温变化不大，病程较长，多为 1 ~ 2 个月。

【诊断】 分析母猪日粮组成，如果钙、磷比例不合理（正常比例应为 1:1），长期关闭饲养，晒不到太阳，结合异食、跛行、骨骼变形等可以做出诊断。

【类症鉴别】 母猪骨软症与慢性氟中毒在临床症状上极为相似，但氟中毒是由于长期饮高氟水或采食高氟饲料所引起，临床表现为牙齿出现斑釉、四肢骨骼变粗等。

【预防措施】 对妊娠后期或泌乳期母猪，尽早补充优质骨粉和鱼粉，同时配合肌内注射维生素 D。每天晒太阳不少于 30 分钟，饲料中补充足够的维生素 AD。

【治疗方法】 发病母猪耳静脉注射 10% 葡萄糖酸钙溶液 80 ~ 120 毫升，每天 1 次，连用 5 ~ 7 天。再配合其他对症治疗措施，如应用促进消化的药物和镇痛药。

127 怎样诊治母猪生产瘫痪?

母猪生产瘫痪是临产母猪在产前不久或产后几天发生的以四肢运动能力丧失与减弱为特征的一种疾病。

【发病原因】 饲料中钙磷比例不平衡,或饲料中缺乏钙、磷。另外,饲养条件差,产后护理不当,冬季圈舍寒冷、潮湿,特别是缺乏蛋白质饲料时,妊娠猪瘦弱,也可导致瘫痪。

【临床症状】

产前瘫痪:妊娠猪长期卧地,后肢起立困难,局部无任何病变,知觉反射、食欲、呼吸、体温等均正常。强行起立后步态不稳,后躯摇摆,病程拖长后则病猪瘦弱,患病肢肌肉发生萎缩。如果发病距临产较近或治疗及时,则症状很快消失。如果卧地时间过久,则容易发生褥疮,最后继发败血症引起死亡。

产后瘫痪:见于产后2~5天,母猪食欲减退或废绝,病初粪便干硬而少,以后则停止排粪、排尿,体温正常或略有升高,精神极度萎靡,长期卧地不能站立,仔猪哺乳时乳汁很少或没有,母猪伏卧时对周围事物全无反应,不给仔猪哺乳。

【诊断】 分析母猪日粮组成,确定钙、磷比例是否合理(正常比例应为1:1),根据了解的饲养管理状况,结合临床症状即可做出诊断。

【预防措施】 母猪饲料要精粗合理搭配,每日加喂骨粉、蛋壳粉、蛎壳粉、碳酸钙、鱼粉和食盐等。冬季母猪圈舍要注意保持温暖、干燥,经常让妊娠猪适当运动。

【治疗方法】 静脉注射20%葡萄糖酸钙50~100毫升,或10%氯化钙溶液20~50毫升。肌内注射维生素AD注射液3毫升,隔2日注射1次,或肌内注射维生素 D_3 注射液5毫升,维丁胶性钙注射液10毫升,每天1次,连用3~4天。后躯局部涂擦刺激剂,促进血液循环。如果便秘,可用温肥皂水灌肠或内服泻剂硫酸钠30~50克。

128 怎样诊治母猪产后食欲不振？

母猪产后食欲不振是母猪产后胃肠功能紊乱所引起的一种食欲异常性疾病。

【发病原因】 母猪妊娠期间由于饲料单一，缺乏蛋白质和青绿饲料，导致母猪营养不良，或由于产仔过多，不能及时补充蛋白质、维生素与矿物质而引起。另外，母猪产后感染、患有严重的寄生虫病或内分泌失调也可引起食欲不振。

【临床症状】 母猪产后食欲逐渐减退，采食青绿饲料少，饮水量少，粪便干燥，尿液少而色黄，乳汁减少，仔猪生长缓慢。

【诊断】 根据发病原因和临床症状即可做出诊断。

【预防措施】 首先消除病因，合理搭配妊娠猪饲料，适当增加饲料中的蛋白质、维生素和矿物质，最好是饲喂豆科植物。让母猪充分运动，白天将仔猪与母猪分开，促使仔猪提前开食，减少对母猪的干扰。

【治疗方法】 病初用缩宫素、氢化可的松肌内注射，同时内服中药十全大补汤，后期用25%葡萄糖注射液500毫升、三磷腺苷40毫升、辅酶A 100单位静脉注射，也可用甲氧氯普胺1毫克/千克体重，每天1次，连用3天，或用每100千克饲料添加400克胃肠康拌料饲喂。

129 怎样诊治猪应激综合征？

猪应激综合征是猪遭受不良因素刺激所产生的一系列非特异性应答反应。发病特征为死亡或屠宰后猪肉苍白、柔软，有水分渗出。此种猪肉俗称白猪肉或水猪肉，肉品质低劣，营养性和适口性极差。

【发病原因】 往往由于外界应激因素刺激而导致，如驱赶、抓捕、运输、惊吓、过热、兴奋、交配、混群、拥挤、斗架和保定等。某些试剂的吸入也可诱发本病，如氟烷、甲氧氟烷、三氯甲烷、三氟乙基乙烯醚等。另外，本病的发生与遗传因素密切相关，与猪的体型和血型也有一定关系，一般体矮、腿短、肌肉丰满的卵圆形猪、杂交猪和某些血缘的瘦肉型纯种猪发生较多。

【临床症状】 发病初期，病猪肌纤维颤动，特别是尾部快速颤抖，发病严重时肌肉震颤可发展为肌肉僵硬，病猪行走艰难或卧地不起。白皮猪皮肤表现潮红，继之发绀。心搏加快，体温升高，临死前可达 45℃。发病中期休克或虚脱，如不及时治疗，80% 以上的病猪可在 20~90 分钟内进入濒死期，死后几分钟发生尸僵。

【病理变化】 死亡或急宰后的猪，有 60%~70% 死后 30 分钟肌肉呈现苍白色、柔软，渗出水分增多。反复发作死亡的病猪，可能在腿肌和背肌出现深色而干硬的肌肉。肌肉组织学检查可见肌纤维横断面直径大小不一和玻璃样变性。

【诊断】 根据有无应激病史、遗传史和肉质的变化，可以做出诊断。确诊需靠血液生理指标的测定。

【类症鉴别】 猪应激综合征与热射病、产后低钙症、维生素 E 和硒缺乏引起的桑葚心及仔猪恶性口蹄疫易于混淆，应注意鉴别。

【预防措施】 改善饲养管理条件，消除应激因素，猪舍避免高温、潮湿和拥挤。发现早期征兆，应立即脱离应激环境，给予病猪充分休息，用凉水浇洒皮肤，症状轻微者多可自愈。

【治疗方法】 重症病猪可用镇静剂、皮质激素、抗应激药以及抗酸药物，如肌内注射氯丙嗪 1~2 毫克/千克体重，可起到较好的抗应激作用。水杨酸钠、巴比妥钠、盐酸苯海拉明、维生素 C 和抗菌药物等也可选择使用。为缓解酸中毒可用 5% 碳酸氢钠溶液静脉注射。

130 怎样诊治猪感冒？

猪感冒是由于气候寒冷刺激，引起以上呼吸道黏膜发炎为特征的一种急性全身性常见疾病。

【发病原因】 气候骤变，忽冷忽热，管理不善，猪舍冷暖不

匀、过于拥挤，或运输途中被雨淋湿使猪只受冷受寒，均可诱发感冒。本病一年四季，大、小猪均可发生，但以冬、秋季的仔猪较易发病。

【临床症状】 以发热、寒冷、拥挤、流眼泪、鼻塞、流鼻液、咳嗽为主要发病特征。另外，由于鼻黏膜增厚，病猪用力呼吸，常摇头摩鼻，搔抓不安，食欲减退，卧地不起，眼结膜发红。如果无并发症则经 3~7 天即可自愈。

【诊断】 根据病初期咳嗽、打喷嚏、流水样鼻液，以后咳嗽逐渐加剧，流浓稠鼻液等症状可以做出诊断。

【预防措施】 加强饲养管理，增强机体的抵抗能力，感冒多发季节应注意气候变化，及时防寒保暖，给猪多饮清洁水。

【治疗方法】 氯化铵 1~2 克，复方甘草合剂 20~30 毫升，每天口服 2~3 次。退热用阿司匹林 2~5 克，复方氨基比林 5~10 毫升，或肌内注射 30% 安乃近 3~5 毫升或百尔定 2~4 毫升，每天 2 次。如果存在并发感染，可选择磺胺嘧啶、青霉素、链霉素等抗菌药物。

131) 怎样诊治母猪屡配不孕症?

母猪屡配不孕症是指母猪多次发情、多次配种后，由于种种原因不能受胎产仔的一种疾病。

【发病原因】 饲喂发霉饲料、棉酚中毒、子宫内膜炎、阴道炎、阴道霉菌、卵巢囊肿以及持久黄体等，均能造成母猪屡配不孕。

【临床症状】 母猪按时发情并正常配种，但屡配不孕，有的母猪表现子宫内膜炎症状，从阴户排出污秽物，多数母猪没有明显临床症状。

【诊断】 在排除公猪精子质量存在问题的情况下，根据母猪屡配不孕的临床特征即可做出诊断。

【预防措施】 加强饲养管理，保持圈舍清洁卫生，注意通风换气，防止圈舍气温过高，掌握发情规律，做到适时配种。

【治疗方法】 找出发病原因，实施对症治疗。由发霉饲料引起的要立即更换饲料。患有子宫内膜炎、阴道炎的应冲洗治疗，并在母猪产前和产后各用药 7 天及配种前用药 5 天，每吨饲料添加阿莫西林 200 克、黄芪多糖 200 克。

132 怎样诊治妊娠猪流产?

妊娠猪流产是指妊娠猪未到预产期，就产出无生活能力的胎儿。

【发病原因】 饲料营养不全，饲喂发霉变质饲料，或患细小病毒病、布氏杆菌病、流行性乙型脑炎和弓形虫病等，均可导致妊娠猪流产。另外，机械性因素如妊娠猪受到撞击、滑倒、咬架等也可引发本病。

【临床症状】 妊娠猪乳房胀大，外阴部肿胀，阴门流出污红色分泌物，无乳汁分泌。有的妊娠猪产前无明显分娩症状而突然发生流产。

【诊断】 根据发病原因和临床症状即可做出诊断，必要时进行妊娠检查。

【预防措施】 加强饲养管理，经常给妊娠猪饲喂青绿饲料，妊娠后期单圈饲养，并适当运动，找出流产原因，针对发病原因进行预防。

【治疗方法】 头胎母猪注射细小病毒疫苗，发现有流产征兆时，可每日肌内注射黄体酮 10~25 毫克，连用 2~3 天。

133 怎样诊治妊娠猪产死胎?

妊娠猪饲养管理不当、感染繁殖障碍性疾病或受到机械性碰撞后所引起的胎儿死亡称为死胎。

【发病原因】 妊娠猪饲料单一、饲喂腐败变质饲料、腹部遭受冲撞或感染繁殖障碍性疫病，如细小病毒病、伪狂犬病、蓝耳病等，均可导致妊娠猪产死胎。

【临床症状】 病猪精神萎靡，食欲减退，卧地不安，弓腰

167

努责，从阴户流出污浊恶臭的分泌物。如果死胎时间过长，则胎儿在母体内腐败，病猪体温升高呈现败血症症状，最后导致死亡。

【诊断】 根据发病原因，结合临床症状即可做出初步诊断。

【预防措施】 加强饲养管理，喂给妊娠猪质优全价易消化的饲料，做好各种繁殖障碍性疫病的免疫预防。

【治疗方法】 繁殖障碍性疫病所引起产死胎的其他同圈、同场的健康猪可选用相应的疫苗进行免疫预防，对出现临床症状的病猪实施对症治疗。因饲养管理不当引起产死胎的母猪，应加强饲养管理，防止腹部遭受撞击。

134 怎样诊治妊娠猪难产?

妊娠猪难产是指妊娠猪分娩过程中，胎儿娩出困难，不能将胎儿顺利产出。

【发病原因】 饲养管理不当，饲料搭配不合理，运动不足，致使妊娠猪过肥或过瘦而导致难产。也可能由于母猪发育不全而过早配种，或胎位不正、胎儿过大、胎儿畸形、母猪骨盆与子宫狭窄等原因引起难产。

【临床症状】 母猪虽然已到产期，但不能顺利将仔猪产出，临产母猪表现烦躁不安，时卧时起，不时努责，从阴道流出黏液或少量血液。

【诊断】 根据妊娠猪预产期，结合临床症状，经过综合分析即可做出诊断。

【预防措施】 加强饲养管理，给妊娠猪饲喂易消化的全价饲料，妊娠后期应使其适当地运动。

【治疗方法】 发现妊娠猪难产，应根据难产发生的原因，采取相应的措施。如果子宫已经张开，可向子宫内注入少量润滑剂助产；如果子宫收缩无力，可注射缩宫素；如果胎位或胎向不正，可实施人工助产；如果胎儿过大，可进行剖宫手术。

135 怎样诊治妊娠猪产后胎衣不下?

当妊娠猪产出全部仔猪 3 小时后，胎衣仍排不出体外者称为胎衣不下，一般分部分胎衣不下和全部胎衣不下两种。

【发病原因】 妊娠期间没有给予母猪适当运动或维生素、矿物质缺乏，另外，妊娠猪难产、流产、子宫炎均可引起胎衣不下。

【临床症状】 病猪精神沉郁，食欲减退，不安，弓腰努责，从阴门不断流出红褐色带臭味的液体。当胎衣在子宫内滞留时间过长，可引起腐败，致使病猪体温升高，发生败血症后导致死亡。

【诊断】 根据发病原因和临床症状即可做出诊断。

【预防措施】 妊娠期给予足量全价饲料，促使妊娠猪适量运动。

【治疗方法】 发生胎衣不下时，肌内注射垂体后叶素，静脉注射 10% 氯化钙注射液 20 毫升，或 10% 葡萄糖酸钙注射液 50 ~ 100 毫升，如果经上述处理无效而子宫颈尚开时，可实施人工剥离术，然后向子宫内灌入 0.1% 高锰酸钾溶液冲洗，并注入抗菌药物消炎。

136 怎样诊治母猪子宫脱出?

子宫脱出是子宫翻转于阴道内或垂脱于阴门之外的一种生殖道常见病。

【发病原因】 由于病猪体质瘦弱、运动不足、胎儿过大、胎水过多致使子宫收缩无力或发生难产、胎衣不下，病猪强烈努责时可导致子宫脱出。

【临床症状】 子宫部分脱出，病猪表现举尾、努责。子宫全部脱出时，则子宫垂脱于阴门之外，子宫的黏膜面常附着未脱落的胎膜，当胎膜脱落后呈粉红色或红色，如发生瘀血则变成紫红色，严重者子宫出血、水肿、干裂、糜烂，表现全身症状。

【诊断】 根据临床症状即可做出诊断。

【预防措施】 加强饲养管理，使妊娠猪经常适当运动，饲料中适当增加一些蛋白质、维生素、矿物质和微量元素，提高机体抗病能力。

【治疗方法】 初期及早进行整复和固定，方法是先用0.1%高锰酸钾溶液将子宫冲洗干净，发现水肿可用3%明矾溶液冲洗，在病猪努责的间隙，将子宫推入产道和腹腔内，然后注入含抗菌药物的灭菌生理盐水。另外，在饲料中加入中药枳壳可使子宫恢复原位。为防止子宫再次脱出，应实施阴门缝合。为防止感染可肌内注射青霉素，当子宫无法恢复而又想使病猪留作肥育猪时，可采取子宫全切术。

137 怎样诊治母猪子宫内膜炎？

母猪子宫内膜炎是子宫黏膜发生炎症的一种生殖器官疾病。虽然子宫黏膜发炎不会引起母猪死亡，但往往导致其不发情，不易受胎，有时妊娠猪还可发生流产。

【发病原因】 子宫内膜炎多发生于产后或流产后，配种、人工授精时不遵守卫生规则，使用的器械消毒不严，母猪难产、胎衣不下、子宫脱出时阴道受损，环境中的常见菌（如大肠菌、葡萄球菌、链球菌等）乘虚而入导致子宫内膜炎的发生。

【临床症状】 食欲不振，体温升高，弓背、努责，从阴道内流出红色污秽带有腥臭味的黏性、脓性分泌物。若不及时治疗，可形成败血症，导致母猪死亡。慢性子宫内膜炎病猪消瘦，发情不正常，屡配不孕，即使受胎也容易流产。

【诊断】 根据发病原因和临床症状即可做出诊断。

【预防措施】 加强饲养管理，保持圈舍干燥和清洁卫生，母猪难产时取出胎儿或胎衣后必须认真消毒，必要时向子宫内注入抗菌药物以防子宫炎的发生。

【治疗方法】 首先用0.02%新洁尔灭溶液或0.1%高锰酸钾溶液冲洗子宫，清除积留在子宫内的炎性分泌物，然后导出液体，注入抗菌药物消炎。

138 怎样诊治母猪乳腺炎?

母猪乳腺炎是母猪产后乳房发生炎症的一种常见疾病，以乳区肿胀疼痛、不让仔猪哺乳为发病特征。

【发病原因】 猪舍潮湿、过冷，乳房受冻，乳房与地面接触受损伤后微生物入侵乳房均会引起乳腺炎发生。此外，给仔猪哺乳时或断奶不久喂给多汁饲料，乳汁分泌过多，并在乳房内积留引起乳腺炎。

【临床症状】 病初精神，食欲尚好，但乳区红、肿、热、痛，不让仔猪吃奶，发病严重时卧地不起，体温升高，食欲废绝，从乳房内流出混有血液的粉红色或褐色乳汁。

【诊断】 根据临床症状可以做出诊断，必要时采集乳汁进行细菌学检验。

【预防措施】 加强仔猪断奶前后母猪的饲养管理，保持圈舍清洁卫生，注意防止哺乳仔猪咬伤母猪乳头。

【治疗方法】 乳房区出现红、肿、热、痛时，一方面注射抗菌药物消炎，另一方面在乳房局部涂抹鱼石脂或磺胺软膏。如果乳房出现化脓，则应及时切开排脓，待消毒液冲洗后，填充青霉素软膏，反复治疗数次即可痊愈。

139 怎样诊治母猪产褥热?

母猪产褥热是母猪产后产道受损，恶露排出迟滞所引起的感染和局部炎症扩散，又称产后败血症。

【发病原因】 母猪产后产道受损继发炎症，然后被细菌（大肠杆菌、溶血性链球菌、金黄色葡萄球菌等）侵入引起发病。

【临床症状】 病猪体温升高，心搏加快，呼吸短促，食欲废绝，卧地不起，泌乳减少或停止，四肢末端和两耳发凉，四肢关节肿胀有热痛，阴道流出褐色恶臭液体。如果能及时治疗，则预后良好，治疗不及时可导致死亡。

【诊断】 根据发病原因和临床症状即可做出初步诊断。

【类症鉴别】

（1）与猪子宫炎的鉴别 两者均表现为体温升高、食欲减退、阴道流出黏液性分泌物等症状。但子宫炎病猪四肢关节不肿胀，无热痛，阴道流出带血色的分泌物，具有腥臭味，常常配不上种。

（2）与母猪无乳综合征的鉴别 两者均表现为体温升高、食欲减退、阴道流出黏液性分泌物等症状。但无乳综合征病猪关节不肿胀，无热痛，乳腺硬，阴道不流出黏性分泌物。

（3）与猪流产的鉴别 两者均从阴道流出分泌物。但流产病猪体温不高，关节不肿胀，阴道不排出恶臭的褐色分泌物。

【预防措施】 加强妊娠猪的饲养管理，搞好产房和周围环境的清洁卫生，注意消毒和妊娠猪的防寒、避风。

【治疗方法】 实施对症治疗，发现妊娠猪体温升高，可肌内注射解热药（如氨基比林）。发生炎症时可注射抗菌药物（如青霉素、链霉素或小檗碱）消炎。酸中毒时静脉注射10%的葡萄糖注射液和5%碳酸氢钠注射液，必要时注射强心剂安钠咖。

140 怎样诊治母猪缺乳症？

缺乳症即泌乳失败，是指母猪在泌乳期乳量减少或完全无乳，是母猪产后常发病之一，往往给养猪业造成巨大的经济损失。

【发病原因】 引起母猪缺乳的因素很多，如应激因素（噪声、温度、湿度、环境的改变）、内分泌紊乱、饲养与管理不善（营养缺乏或运动不足）、乳腺发育不良以及遗传因素等均可造成母猪缺乳甚至无乳。

【临床症状】 母猪产后乳汁很少或基本无乳，母猪对仔猪感情淡漠，对仔猪哺乳的要求无反应，乳房松弛挤不出乳汁或乳汁稀薄如水。

【诊断】 根据发病原因、妊娠猪产后出现的临床症状以及仔猪的行为表现，即可做出诊断。

【预防措施】 加强母猪的饲养管理，保持产房的清洁卫生，冬季圈舍既要保暖又要通风，母猪产后要增加蛋白质和多汁饲料的饲喂。

【治疗方法】 如果由应激因素引起，可采取消除应激因素的措施，避免产仔母猪生活条件的改变。如果由饲养管理因素引起，则应给母猪饲喂多汁饲料，促使其适当运动。如果因乳腺炎造成母猪缺乳，可用青霉素 100 万单位、10%盐酸普鲁卡因注射液 20 ~ 50 毫升，做乳房局部注射。另外，可使用一些中、西药催乳剂。

141 怎样诊治母猪产后低温症？

母猪产后低温症是一种原因不明、以体温低于正常体温为特征的综合征。本病多发于晚秋或冬春季节，仔猪也可发生。

【发病原因】 饲养管理不当，母猪妊娠、产后，或久病失治，或年老体弱，导致气血亏虚。另外，受风寒，或采食冷水冻料，或长时间伏卧在较冷的水泥地上，均可导致本病发生。

【临床症状】 病猪精神沉郁，食欲减退或废绝，不愿站立，肌肉震颤，体温在 38℃ 以下，尿液减少，粪便干或稀，结膜苍白。少数母猪愈后耳尖、尾尖脱落。

【诊断】 根据发病原因和临床症状即可做出初步诊断。

【预防措施】 改善饲养条件，提供全价饲料，做好防寒保温工作。

【治疗方法】 肌内注射 10% 安钠咖 10 毫升、维生素 B_1 10 毫升；静脉注射 5% 糖盐水 500 毫升、25% 葡萄糖液 100 毫升、10% 维生素 C 5 毫升，每天 1 次，连用 3 天。或肌内注射 10% 安钠咖 10 毫升、维生素 B_1 400 毫克、三磷腺苷（ATP）40 毫升、辅酶 A 200 国际单位、维生素 B_6 200 毫克。

142 怎样诊治公猪睾丸炎？

公猪一侧或两侧睾丸所表现的红、肿、热、痛症状称为睾丸炎。

【发病原因】 公猪阴囊受外伤或患某些病毒性（如猪乙型脑炎）和细菌性疫病（如布氏杆菌病、衣原体病）均可引起睾丸炎。

【临床症状】 病猪体温升高，食欲减退，后肢行动障碍，睾丸发红、发热、肿大、疼痛，严重时阴囊部分化脓。

【诊断】 根据公猪的发病原因和临床症状，一般可以确诊。

【预防措施】 找出发病原因，采取针对性预防和治疗措施，防止外界因素对阴囊造成外伤。

【治疗方法】 睾丸开始肿大时可用热敷疗法，然后根据发病的原因，注射相关抗菌药物，同时外敷 10% 鱼石脂软膏消炎止痛。

143 怎样诊治猪风湿病？

猪风湿病是以猪的背部、腰部、四肢肌肉和关节发生慢性和非化脓性炎症为特征的一种疾病，多发生于秋季和冬季。

【发病原因】 气候突变、寒冷、潮湿、运动不足或受某些疫病（如溶血性链球菌）侵袭是发生风湿病的主要原因。

【临床症状】 病猪突然疼痛难忍，根据发生的部位不同所表现的临床症状也不相同。如果头、颈部肌肉发病，则两耳发硬，头颈活动受限；如果四肢发病，则运步困难，跛行，卧地不起，关节肿胀；如果背腰部发病，则全身肌肉紧张，弓背，腰痛，走路困难，触摸各部位均有疼痛感出现。

【诊断】 根据发病史和临床症状易于做出诊断，必要时用一些抗风湿药物治疗。如果有效，则证明为风湿病。

【预防措施】 加强饲养管理，注意防寒、防冻，保持圈舍清洁干燥和卫生。

【治疗方法】 用10%水杨酸钠注射液20～100毫升静脉注射，或用2.5%醋酸可的松注射液5～10毫升肌内注射，每天2次，必要时采用中草药治疗。

144 怎样诊治猪湿疹？

猪湿疹是指发生在猪的皮肤表皮和真皮组织的一种过敏性疾病，临床上以皮肤出现红斑、丘疹、小结节、水疱、脓疱为特征。

【发病原因】 饲养密度过大、猪舍潮湿、受寒冷和各种有害因素的刺激、昆虫叮咬以及微生物和寄生虫的侵袭等，均可导致本病发生。

【临床症状】 病猪瘙痒不安，摩擦墙壁，皮肤充血、发红，颈部、面部、胸腹部两侧可见丘疹、小结节、水疱、脓疱，破溃后流出血样黏液和脓液，干燥后形成痂皮。湿疹多发生于春、夏季，以仔猪多发。

【诊断】 根据发病季节，仔猪皮肤出现瘙痒的特征性症状，即可做出诊断。

【类症鉴别】

（1）**与猪渗出性皮炎的鉴别** 两者均表现为皮肤发红、潮湿、有痂皮等症状。但渗出性皮炎病猪皮肤可见黏液性脂肪样分泌物结成的有臭味的结痂，眼周围有渗出物。

（2）**与猪葡萄球菌病的鉴别** 两者均表现为皮肤发红，水疱破溃后渗出液形成结痂。但患葡萄球菌病病猪体温升高，多在创伤后引起感染。

【预防措施】 加强饲养管理，在饲料中加入富含维生素、矿物质、微量元素的物质，注意圈舍的清洁卫生和通风干燥，夏、秋季节要做好灭蚊、灭蝇工作。

【治疗方法】 用0.1%高锰酸钾溶液冲洗患部，去除脓液、痂皮，然后涂抹硫黄或可的松软膏，必要时静脉注射10%氯化钙注射液、溴化钠或其他抗组胺药物。

六

普通病的诊治

145 怎样诊治仔猪渗出性皮炎?

仔猪渗出性皮炎是由于皮肤脂肪分泌渗出过多、剥脱而引起的一种皮肤疾病，又称脂猪病。

【发病原因】 猪皮肤感染葡萄球菌后，病菌在皮肤表面增殖并产生表皮脱落毒素，导致局部或全身性的皮肤脱落，排出大量皮脂性分泌物。

【临床症状】 本病多发生于哺乳仔猪。病猪食欲不振，无神，触摸皮肤温度高，呈棕红色（见彩图3-12），被毛粗乱，渗出液增多，无瘙痒症状。病情严重时表现消瘦、脱水，体重减轻、皮肤脱落，并伴有大量皮脂性分泌物和浆液性渗出物，从皮肤裂隙中可见血清渗出，如与尘埃及皮屑积在一起则形成痂皮，进而发展成为渗出性皮炎。

【诊断】 根据发病史、哺乳仔猪皮肤所表现的特征性症状即可做出诊断。

【类症鉴别】

（1）**与猪湿疹的鉴别** 两者均表现为皮肤发红、有渗出物等症状。但猪湿疹的丘疹、水疱主要发生在胸壁、腹下，同时病猪有痒感。

（2）**与猪水疱性疹的鉴别** 两者均表现为皮肤湿润、跛行等症状。但猪水疱性疹病猪眼周围皮肤不发红，渗出物无臭味。

【预防措施】 注意圈舍清洁卫生，围栏应柔软舒适，饮水干净，一旦发现小猪患病，立即隔离饲养，及时治疗。

【治疗方法】 首先用温水或肥皂水除去干涸的渗出物和结痂，然后在皮肤上涂布抗感染药物（磺胺软膏和林可霉素软膏），再注射葡萄球菌敏感的抗菌药物。

146 怎样诊治猪疝气?

猪疝气是指猪的肠管从扩大的自然孔道或病理性破裂孔脱至皮下，常见的疝气有腹壁疝、阴囊疝和脐疝。

【发病原因】 脐疝是仔猪脐孔闭锁不全或脐孔先天性发育不全，或采食过饱、强力努责后引起腹内压升高，导致肠管由脐孔脱至皮下。腹壁疝是母猪去势不当或腹壁受到外界强力的撞击致使腹膜、腹肌破裂，导致肠管坠入腹肌间隙。阴囊疝是近亲繁殖或追捕、捆绑时猪的腹压突然升高，导致肠管通过腹股沟进入阴囊内。

【临床症状】 疝气发生的局部，突然呈现一处或多处柔软性隆起，用手可触摸到一个圆形脐孔，用力压迫疝部则隆起消失。如果病猪再次强力努责或用力咳嗽，则隆起变得更大，形成箝闭性疝，呈现局部增大、紧张变硬、疝痛，排尿、排粪受到影响。病情严重时体温升高，呼吸加快，如果继发败血症可导致死亡。

【诊断】 根据发病原因和临床症状即可做出诊断。

【类症鉴别】 猪疝气与脓肿、血肿和蜂窝织炎在临床症状上极为相似，易于混淆，应注意鉴别。

【预防措施】 加强饲养管理，防止猪与猪之间相互攻击。

【治疗方法】 患新鲜疝气且疝孔不大、位置偏高时可用保守疗法，即摸清疝孔后在疝孔周围用刺激性药物（如95%酒精或10%～15%的氯化钠溶液）分点注射，促使疝气孔周围组织发炎形成瘢痕化，致使疝孔重新闭合。由于手术治疗疝气可靠，所以临床上多采用手术疗法。

147 怎样诊治猪直肠脱出？

猪直肠脱出是指直肠末段黏膜或部分直肠脱出于肛门外而不能恢复的一种常见病，俗称脱肛，又叫直肠脱。

【发病原因】 突然改变饲料、缺乏维生素、猪体质瘦弱、便秘、腹泻、难产、长时间运动不足均可导致直肠韧带和肛门括约肌松弛，引起直肠脱出。

【临床症状】 本病多发于仔猪。直肠黏膜发炎，下层水肿，脱垂部分呈圆球形或圆柱状，呈暗红色。脱出部分若被泥粪污染，则黏膜可能出血、糜烂、坏死。此时常伴有全身症状，如体

温升高、食欲减退、不时努责，常做排粪姿势。

【诊断】 根据发病原因结合临床症状即可做出诊断。

【预防措施】 加强饲养管理，保持圈舍清洁卫生，饲喂易消化的饲料，防止直肠脱出的发生。

【治疗方法】 肠管脱出部分首先用消毒药液（如0.1%高锰酸钾溶液）洗净，除去污染物和坏死黏膜，小心地将其推入肛门内，然后根据病情，既可用无水酒精在肛门周围注射以固定直肠，也可在肛门周围实施缝合，待1周左右，病畜不努责时可拆除缝合线，必要时灌入黄芪参术汤，也可起到一定的治疗作用。

148 怎样诊治新生仔猪溶血病?

新生仔猪溶血病又称新生仔猪溶血性黄疸，是由于种间杂交或同种但血型不合而进行配种所引起的一种免疫性疾病，临床症状以贫血、黄疸和血红蛋白尿为特征。

【发病原因】 由于胎儿体内有种公猪遗传而来的特定抗原，经由胎盘进入母体，刺激母猪产生大量特异性抗体。这种抗体由血液进入乳汁，初乳中含量最高，新生仔猪吸吮初乳后，经肠黏膜吸收进入血液产生特异性免疫反应，使红细胞遭到溶解、破坏而引起发病。

【临床症状】 初生仔猪第一次吸吮初乳后数小时或十几小时发病，表现为精神委顿、畏寒发抖、被毛逆立、不吃奶、衰弱、眼结膜及齿龈黏膜呈黄色，尿呈红色或暗红色，心搏急速，呼吸加快，很快或在2～6天死亡，一般发生于个别窝仔猪，死亡率达100%。

【病理变化】 仔猪皮肤和皮下组织显著黄染，肠系膜、大网膜、腹膜和大小肠全呈黄色。肝脏肿胀、瘀血，脾脏肿大，肾脏肿大、充血，心内、外膜有出血点或出血斑，膀胱内积存暗红色尿液。

【诊断】 根据仔猪出生后体温正常，吃奶后整窝发病，心搏、呼吸加快，1～2天内死亡，非本窝仔猪即使吃过该发病仔猪的母乳生长也良好即可确诊。

【类症鉴别】

（1）与仔猪缺铁性贫血病的鉴别　两者均多发于仔猪，表现为体温不高、贫血、皮肤黏膜苍白、血液稀薄不易凝固等症状。不同点是：患缺铁性贫血的仔猪出生后 8～9 天表现出便秘和腹泻症状。

（2）与猪附红细胞体病的鉴别　两者均表现为黏膜苍白、黄疸，血液稀薄、不易凝固等症状。不同点是：患附红细胞体病的病猪体温升高，呼吸困难，皮肤发红、发紫，用血虫净治疗有特效。

【预防措施】　了解以往种公猪配种后所产仔猪有无溶血现象，如果有则不能用该公猪配种。发现仔猪发病后，应立即停止全窝仔猪哺乳，改用人工哺乳，或转由其他哺乳母猪代为哺乳。

【治疗方法】　补充营养、加速排出血中抗体、维护心脏功能。用 10% 葡萄糖注射液、低分子右旋糖酐、乌洛托品、维生素 K 和强心利尿剂等药物。

149　怎样诊治仔猪贫血病？

仔猪贫血主要是指缺铁性贫血，其发病特征为可视黏膜及四肢苍白，血液稀薄如水。

【发病原因】　由于仔猪生长迅速，生后 4 周体重增长 7 倍，每只仔猪每天需 10 毫克铁。而从母乳中获得的铁是极少的，即使动用肝脏、脾脏中储存的少量铁，仍不能满足仔猪生长需要，此时仔猪就容易发生缺铁性贫血。

【临床症状】　本病常见于 5～21 日龄的仔猪，多发于冬、春季节。病猪外表肥壮、精神委顿、心搏亢进、呼吸加快、气喘，运动后更为显著。眼结膜、鼻端和四肢苍白，外表健壮的猪常突然死亡。病程进一步发展后精神极差，被毛粗乱，眼结膜苍白，常出现轻度黄疸和腹泻，即使不死，以后的生长速度也会缓慢。

【病理变化】　血液稀薄如红墨水样，肌肉颜色变浅，胸腹腔

内常有积液，心脏扩张、质地松软，肝脏肿大。

【诊断】 根据病猪的发病日龄、临床症状和病理变化容易做出诊断。确诊需进行血红蛋白测定，正常仔猪每100毫升血液中含血红蛋白8～12克，病猪可降至2～3克。

【类症鉴别】

（1）与仔猪溶血病的鉴别 两者均表现精神沉郁、体温不高、皮肤黏膜苍白、血液稀薄不易凝固等症状。不同点是：仔猪溶血病发病、死亡很快，仔猪刚出生时看起来健康，但吃奶后24小时发病，尿液呈红色，不久后死亡。

（2）与仔猪白痢病的鉴别 两者均表现精神不振、黏膜苍白、消瘦、腹泻等症状。不同点是：仔猪白痢病猪体温升高，排白色糊状或浆液状具特异腥臭味的液体，剖检胃内有凝乳块，肠中粪便呈黄白色，具酸臭味并含有气体。

（3）与仔猪低血糖病的鉴别 两者均表现体温不高、精神不振、黏膜苍白等症状。不同点是：低血糖仔猪卧地不起，四肢颤抖，眼球震颤，最后惊厥死亡，血糖低于正常值。

【预防措施】 仔猪出生后几小时内投服含铁的化合物，或用硫酸亚铁2.5克、硫酸铜1克、氯化铁0.2克，溶于1000毫升温水中，用纱布过滤后装入瓶中，待猪吃奶时用干净棉花蘸液涂在母猪奶头上，让仔猪吃奶时吸入，也可供仔猪直接饮用。

【治疗方法】 3日龄仔猪注射右旋糖酐铁钴注射液（25毫克/毫升），每4～5天注射1次，每次注射2毫升。也可将100克硫酸亚铁和20克硫酸铜磨碎后混在5千克细沙中撒在猪栏内，让仔猪自由舔食，或用硫酸亚铁21克、硫酸铜7克溶于1000毫升水中用纱布过滤，放在补料槽和饮水中让仔猪采食，每头仔猪每天服用4毫升，均能取得良好的效果。

150 怎样诊治新生仔猪低血糖症？

新生仔猪低血糖症又称乳猪病，是由于仔猪出生后几天内吮乳不足、血糖降低所致的一种代谢性疾病。如果血糖含量降至

50 毫克/100 毫升以下，就会发生仔猪部分或整窝死亡。

【发病原因】 母猪妊娠后期饲养管理不当，产后感染子宫炎引起缺乳或无乳，仔猪患大肠杆菌病或患先天性震颤而无力吮乳时，均可引起仔猪低血糖症。

【临床症状】 本病常见于出生后 1 周内的仔猪，冬、春季多发。仔猪出生后，突然四肢无力，肌肉震颤，步态不稳，卧地不起，出现明显的神经症状，卧地后表现角弓反张，瞳孔散大，口角流涎，感觉迟钝或消失，最后昏迷导致死亡，病程不超过 36 小时，往往同窝仔猪相继发病。

【病理变化】 剖检可见肝脏呈橘黄色，边缘锐利，质地像豆腐，稍碰即破，胆囊肿大，肾脏呈浅土黄色，可见散在红色出血点。

【诊断】 根据发病仔猪的临床症状、病理变化以及应用葡萄糖治疗效果较好，即可做出诊断。必要时检测血糖含量，血糖含量降至 50 毫克/100 毫升以下（正常为 90 ~ 130 毫克/100 毫升），即可确诊为低血糖症。

【类症鉴别】

（1）与仔猪贫血病的鉴别 两者均表现为体温不高、黏膜苍白等症状。不同点是：仔猪贫血心悸亢进，不表现神经症状。

（2）与仔猪溶血病的鉴别 两者均表现为体温不高、黏膜苍白、血液稀薄不易凝固等症状。不同点是：仔猪溶血病表现为血红蛋白尿，剖检皮下组织黄染。

【预防措施】 加强饲养管理，及时找出缺乳或无乳的原因。若因营养不良所致，则应及时改善饲料。若因患病所致，则应及时治疗。若仔猪患有影响哺乳和消化吸收的疾病，则应加强仔猪的护理，及时治疗。

【治疗方法】 每隔 4 ~ 5 小时腹腔注射 5% ~ 10% 葡萄糖注射液 15 ~ 20 毫升，连用 2 ~ 3 次，或配制 20% 白糖水口服，每天 2 ~ 4 次，连用 3 ~ 5 天。

151 怎样诊治新生仔猪窒息?

新生仔猪窒息是以刚出生仔猪仅有微弱心搏而无呼吸为特征的一种新生仔猪病。如果治疗不及时就会危及生命。此病多发于难产时的仔猪。

【发病原因】 母猪妊娠期间饲养管理不善,营养缺乏,致使母猪贫血消瘦,或母猪过度疲劳,长期患某些慢性疾病,均会导致仔猪假死。另外,母猪难产时供氧不足,迫使胎儿活动时被动吸入羊水,也会造成仔猪窒息。

【临床症状】 患病初期病猪可视黏膜发绀,口、鼻内充满黏性分泌物,呼吸短促,心搏快而弱。病情严重时全身无力,黏膜青紫或苍白,口、鼻被液体堵塞,最后呼吸停止,窒息死亡。

【诊断】 根据发病原因和临床症状即可做出诊断。

【预防措施】 加强预产母猪和初生仔猪的饲养管理,发病时将仔猪倒提,让口腔、鼻腔内的黏液流出。

【治疗方法】 首先注射呼吸中枢兴奋剂尼可刹米,同时将口腔、鼻腔内的黏性液体排出,用干棉球擦净口腔、鼻腔污物,必要时实施人工呼吸。

152 怎样诊治新生仔猪便秘?

新生仔猪出生后数小时内应有胎粪排出,若超过 24 小时不能排出胎粪,则为新生仔猪便秘。新生仔猪便秘可以引起自体中毒,甚至死亡。

【发病原因】 初乳质量不高或母猪无乳、缺乳、乳汁变质、母猪产后死亡,或仔猪没有及时吃到初乳,从而导致新生仔猪肠道弛缓,胎粪不能及时排出,最后引起便秘。

【临床症状】 仔猪精神萎靡、食欲不振,弓背不安,回头顾腹,虽然举尾做排粪动作,但始终不能排出粪便。肛门闭塞、干燥,直肠内有坚硬粪块。

【诊断】 根据仔猪出生后 24 ~ 48 小时不见排出粪便,结合临床症状即可做出诊断。

【预防措施】 仔猪出生后，必须让仔猪能够及时吃上足够的初乳。

【治疗方法】 用温肥皂水给患病仔猪灌肠，将手指伸入直肠，取出积存粪块，或在灌肠的同时内服植物油或液状石蜡 10 ～ 50 毫升，可取得比较明显的治疗效果。

153 怎样诊治猪佝偻病？

猪佝偻病又称骨软症，是由于缺乏维生素 D 和钙磷代谢障碍而引起骨组织钙化不全的慢性疾病。其发病特征为消化功能紊乱、异食、跛行及骨骼变形。

【发病原因】 妊娠猪体内钙、磷、维生素 D 缺乏影响胎儿骨组织的正常发育，或仔猪断奶后饲料调配不当，日粮钙、磷含量不足或比例失调，维生素 D 缺乏，阳光照射不足等，均可引发本病。此外，仔猪断奶过早或患有胃肠道疾病，影响钙、磷和维生素 D 的吸收与利用以及肝脏、肾脏疾病也会导致本病发生。

【临床症状】 本病常发于仔猪，以冬末春初发病较多。病初食欲稍减，喜啃咬饲槽、墙壁、泥土，到处采食煤渣、垫料、破布等异物。继而喜卧不愿走动，然后步样强拘，行走困难，卧多立少，跛行。强行运动时步态蹒跚，病猪常发出嘶叫或呻吟声，突然倒地。病情严重时骨骼渐渐发生变形，胸廓两侧扁平狭小，关节部位肿胀肥厚，触诊疼痛敏感，不能起立，跪卧采食。

【病理变化】 X 线检查可见骨密度降低，骨皮质变薄，长骨端凹陷，骨髓界限增宽，形状不规整，边缘模糊不清。

【诊断】 血钙、血清无机磷含量降低，血清碱性磷酸酶活性升高。骨骼中无机物（灰分）与有机物的比例由正常的 3:2 降至 1:2 时可诊断为佝偻病。

【类症鉴别】

（1）与猪风湿病的鉴别 两者均表现出精神沉郁、喜欢卧地、不愿走动等症状。但风湿病病猪无异食现象，关节、头部、

肋骨及长骨无异常，用抗风湿药物治疗有效。

（2）与猪肢蹄外伤的鉴别 两者均表现出跛行、不愿走动等症状。但猪肢蹄外伤可见到受伤处局部有红、肿、热、痛的炎症表现。

（3）与猪口蹄疫的鉴别 两者均表现跛行、不愿走动等症状。但猪口蹄疫发生迅猛，多数猪同时发病，口腔和蹄部可见肿胀，有水疱与溃疡面。

【预防措施】 改善妊娠猪、哺乳母猪与仔猪的饲养条件，供给钙、磷充足且比例合适的饲料，在饲料中可添加鱼肝油或经紫外线照射过的酵母。加强运动，注意保持猪舍温暖、干燥、通风、清洁和光照。

【治疗方法】 肌内注射维生素 D_2 或维生素 D_3 注射液 1~2 毫升，每天 1 次，连用 5~7 天。也可将 0.5~1 毫升浓缩维生素 AD 拌于饲料中喂服，每天 1 次，连用 5~7 天。还可应用维生素 D 胶性钙 1~2 毫升肌内注射。钙、磷制剂的补充要与维生素 D 同时应用，将多种钙片混于饲料中饲喂，每天 1 次，直至痊愈。

154 怎样诊治公猪不育症?

公猪不育症是指血精、少精，精子畸形或精子活力差、阳痿等综合征的表现。

【发病原因】 主要是配种过频，或饲养管理不善，饲料中缺乏维生素、氨基酸和矿物质，或蛋白质数量不足，平时缺乏运动，或某些疾病，如日射病、布氏杆菌病、睾丸炎等，均可导致公猪不育症。

【临床症状】 公猪配种时，表现性欲迟钝、厌配或拒配，交配时阳痿不举，或偶能爬跨但不能持久，且射精不足。

【诊断】 根据临床症状、配种时的表现，即可做出诊断。必要时可通过显微镜检查精子存活率。

【预防措施】 加强饲养管理，合理使用种公猪，正确调教和配种，保持环境安静，减少外界干扰。加强圈舍及环境消毒。定期检查精液质量，及时发现问题。

【治疗方法】 肌内注射苯乙酸睾酮 10~25 毫克，隔日 1 次，连用 2~3 次。或用淫羊藿 90 克、补骨脂 30 克、熟附子 10 克、钟乳石 30 克、五味子 15 克、菟丝子 30 克，煎汁加黄酒 200 毫升、红糖 60 克，调料喂服，每天 1 剂，连用 7 天。

155 怎样诊治母猪不发情?

经产母猪断奶后 3~5 天会出现发情现象，一般不超过 10 天。如果 15 天后仍不发情，则按不发情处理。

【发病原因】 在母猪妊娠后期特别是哺乳期饲喂不当，未按母猪料的配比投喂，母猪过瘦、过肥；圈舍温度过高（30℃以上）；饲料质量差，如饲喂了发霉的玉米，干扰了母猪的雌雄激素平衡。

【临床症状】 经产母猪在断奶后 15 天仍不发情。

【诊断】 根据母猪特有临床症状，即可做出诊断。

【预防措施】 改善饲养管理条件，断奶母猪要单独饲养，科学配比饲料，防止圈舍温度过高。

【治疗方法】 肌内注射三合激素注射液 2~3 毫升，每天 1 次，连用 2 天，或肌内注射绒毛膜促性腺激素 500 单位，每 2 天 1 次，连用 2 次。把发情的母猪放入未发情母猪圈内刺激诱导，或用公猪尿、唾液、精液，涂在母猪鼻盘上诱导刺激。

156 怎样诊治母猪精液过敏症?

自然交配的初产母猪在配种后数小时出现系列过敏症状，称为母猪精液过敏症，经产母猪很少发生。

【发病原因】 初产母猪与个别公猪在交配后，由于公猪的精液进入母猪的阴道和子宫内产生了过敏反应。

【临床症状】 过敏母猪表现后躯无力，不愿站立，大部分母猪卧地不起，反应迟钝，食欲废绝，结膜苍白，四肢、耳根和全身发凉，体温下降至 36~37.5℃，畏寒怕冷。

【诊断】　根据母猪配种后表现的临床症状，即可做出诊断。

【治疗方法】　肌内注射10%安钠咖10毫升，静脉注射5%葡萄糖酸钙20～50毫升、25%维生素C10～20毫升、氢化可的松16毫升。重症者可加5%葡萄糖注射液500～1000毫升，一般1次即可治愈。

157 怎样诊治母猪阴道炎？

母猪阴道炎是指阴道黏膜表层或深层的炎症，临床上以阴道流出浆液、黏液或脓性分泌物，阴道黏膜潮红、肿胀为特征。

【发病原因】　母猪在产后或交配时，阴道黏膜受到损伤，感染了链球菌、葡萄球菌或大肠杆菌等，引起阴道发炎。

【临床症状】　阴唇肿胀，有时可见溃疡，手触摸阴唇时母猪表现有疼痛感。阴道黏膜肿胀、充血，肿胀严重时手伸入即感困难，并有热痛或干燥之感。病猪常呈排尿姿势但尿量很少。当发生伪膜性阴道炎时症状加剧，病猪精神沉郁，常努责，排出有臭味的暗红色黏液，并在阴门周围干涸形成黑色的痂皮，检查阴道时可见黏膜上被覆一层灰黄色薄膜。

【诊断】　根据母猪的临床症状，即可做出诊断。

【治疗方法】　首先将尾巴用绷带扎紧拉向体侧方，减少阴门的摩擦和防止继发感染。阴道用温消毒液，如0.1%高锰酸钾溶液、3%过氧化氢或0.05%新洁而灭溶液洗涤，冲洗后将洗涤液全部导出。若为伪膜性阴道炎，则禁止冲洗。洗涤后用青霉素、磺胺粉或碘酊、硼酸等软膏涂抹黏膜。如疼痛剧烈，则可在软膏中按1%～2%添加普鲁卡因。

158 怎样诊治母猪食仔癖？

母猪食仔癖是指生产母猪产后吃掉仔猪的一种异常现象，多见于初产母猪。

【发病原因】　母猪先天性恶癖，无乳、吞食胎衣，由某些矿物质或维生素的慢性缺乏所引起。

【临床症状】 母猪不安静，甚至分娩时就起立。有的还未全部分娩完毕就吃食仔猪。有的一下子把整窝仔猪吃掉，或陆续把仔猪吃掉。

【诊断】 根据母猪的临床症状，即可做出诊断。

【预防措施】 母猪分娩前加强管理，避免应激因素，饲料中添加充足的微量元素，供水充足，发现母猪吃食仔猪时，应将仔猪与母猪隔开，定期哺乳。

【治疗方法】 内服溴化钠 5 ~ 10 克，或肌内注射乙酰丙嗪 0.5 ~ 1 毫克/千克体重。也可尝试在仔猪身上搽点煤油或母猪的乳汁、尿液，防止母猪再食仔猪。

159 怎样诊治母猪产后拒哺症？

母猪拒哺症是指母猪产后拒绝哺乳仔猪，致使仔猪消瘦或死亡，常见于中小型规模的猪场。

【发病原因】 大多发生于初产的母猪，往往由于敏感、兴奋、乳房创伤时仔猪吃奶用尖锐的牙齿咬伤乳头，引起母猪疼痛而拒绝哺乳。

【临床症状】 母猪乳房坚实，充满乳汁，仔猪靠近乳头时则立刻站立，咬伤或赶咬仔猪，使仔猪处于饥饿状态，造成仔猪消瘦和死亡。

【诊断】 根据母猪的临床症状，即可做出诊断。

【预防措施】 对初次分娩的母猪，产前应经常按摩乳房，使以后仔猪接触乳头时不致兴奋不安。仔猪出生后及时剪去獠牙，母猪喂奶时加强护理，防止仔猪抢食而咬伤乳头。

【治疗方法】 内服溴化钠 5 ~ 10 克，或肌内注射乙酰丙嗪 0.5 ~ 1 毫克/千克体重。必要时可采用强迫哺乳，即将母猪一侧前后肢以绳缚住悬空吊起，取横卧姿势，强迫哺乳。一般经 12 次哺乳后即可驯服。

160 怎样诊治断奶仔猪咬尾症?

咬尾症是猪体内缺乏某些物质从而导致仔猪断奶后在分群饲养时出现咬尾症状。

【发病原因】 外界环境因素的刺激,饲养管理不善,饲料营养不足,饲料中缺乏蛋白质或某些氨基酸、维生素、矿物质、微量元素所致。

【临床症状】 仔猪咬尾的行动敏捷,被咬仔猪一阵尖叫挣扎,猪尾断节,鲜血淋漓。被咬尾仔猪有时站立不动,有时几头仔猪咬成一串,且咬且舔血液。轻者咬掉尾尖或半段尾巴,重者咬掉全部尾巴。被咬仔猪,因失血而发生贫血,生长发育受阻,个别仔猪因失血过多而死亡。

【诊断】 根据仔猪的临床症状,即可做出诊断。

【预防措施】 配合饲料必须全价,注意各种营养成分的比例,蛋白质、维生素、矿物质和微量元素按量添加。合理组群,将年龄、体重、体质和采食量等相近似的猪放在同圈饲养。饲养密度要适当,以保证每头猪有足够的占地面积。饲喂青绿饲料,满足猪体营养,无青饲料季节,饲喂质量好的干青草粉或青贮。仔猪出生后立即断尾,可有效预防。

【治疗方法】 及时隔离被咬猪和有攻击恶癖的猪。被咬的猪只要及时治疗处理,可用0.1%高锰酸钾液冲洗消毒,并涂上碘酊,防止化脓感染。对严重咬伤的猪可用抗菌药物进行治疗。

附录 常见计量单位名称与符号对照表

量的名称	单位名称	单位符号
长度	千米	km
	米	m
	厘米	cm
	毫米	mm
面积	平方千米（平方公里）	km²
	平方米	m²
体积	立方米	m³
	升	L
	毫升	mL
质量	吨	t
	千克（公斤）	kg
	克	g
	毫克	mg
物质的量	摩尔	mol
时间	小时	h
	分	min
	秒	s
温度	摄氏度	℃
平面角	度	(°)
能量，热量	兆焦	MJ
	千焦	kJ
	焦［耳］	J
功率	瓦［特］	W
	千瓦［特］	kW
电压	伏［特］	V
压力，压强	帕［斯卡］	Pa
电流	安［培］	A

参 考 文 献

[1] 斯特劳 B E，阿莱尔 S D，蒙加林 W L，等. 猪病学 [M]. 8 版. 赵德明，张中秋，沈建忠，译. 北京：中国农业大学出版社，2003.

[2] 陈杖榴. 兽医药理学 [M]. 3 版. 北京：中国农业出版社，2010.

[3] 蔡宝祥，郑明球. 猪病诊断和防治手册 [M]. 上海：上海科学技术出版社，1997.

[4] 宣长和，马春全，陈志宝，等. 猪病学 [M]. 3 版. 北京：中国农业大学出版社，2010.

[5] 荆所义，李艳玲，王心亮，等. 非传染性猪病防治大全 [M]. 郑州：中原农民出版社，2011.